消防工程系列丛书

消防工程施工现场要点

本书编委会　编

中国建筑工业出版社

图书在版编目（CIP）数据

消防工程施工现场要点/本书编委会编. —北京：中国建筑工
业出版社，2016.3
（消防工程系列丛书）
ISBN 978-7-112-18976-2

Ⅰ.①消… Ⅱ.①本… Ⅲ.①消防设备-建筑安装-施工现场-
基本知识 Ⅳ.①TU892

中国版本图书馆 CIP 数据核字（2016）第 004931 号

本书采用"要点"体例进行编写，较为系统地介绍了消防工程施工现场应掌握的基础知识，
全书共分为六章，内容主要包括：基本知识、火灾报警与消防联动系统施工、消火栓系统施工、
自动喷水灭火系统施工、消防电气系统施工、其他消防灭火系统施工等。本书内容翔实，体系
严谨，简要明确，实用性强。本书可供从事消防工程施工技术人员、施工现场管理人员以及大
专院校相关专业师生参考使用。

* * *

责任编辑：张 磊
责任设计：董建平
责任校对：赵 颖 姜小莲

消防工程系列丛书
消防工程施工现场要点
本书编委会 编

*

中国建筑工业出版社出版、发行（北京西郊百万庄）
各地新华书店、建筑书店经销
北京科地亚盟排版公司制版
北京君升印刷有限公司印刷

*

开本：787×1092 毫米 1/16 印张：13 字数：323 千字
2016 年 5 月第一版 2016 年 5 月第一次印刷
定价：**35.00** 元
ISBN 978-7-112-18976-2
（28034）

编　委　会

主　编　郭树林　石敬炜

参　编　许佳华　陈　达　陈国平　李朝辉

　　　　夏新明　王　昉　闫立成　陈占林

　　　　线大伟　相振国　张　松　张　彤

前　　言

　　建筑消防工程施工是建筑施工中的重要内容，也是建筑消防工程的重要组成部分。随着我国社会经济的飞速发展，建筑行业取得了前所未有的发展，与此同时，建筑行业中所涉及的消防工程也变得尤为重要。在消防施工中，由于受到主客观等各种因素的影响，使得消防施工难免会遇到一些问题。这就要求施工人员不断地增强知识技术能力，提高自身综合素质，严格把握施工管理，大力推行责任制度，既要保障消防施工的顺利进行，还要保障施工质量，努力给人们创造安全和谐的生活环境。基于此，我们组织编写了此书。

　　本书根据现行最新规范《建筑设计防火规范》（GB 50016—2014）、《消防给水及消火栓系统技术规范》（GB 50974—2014）、《建设工程施工现场消防安全技术规范》（GB 50720—2011）、《火灾自动报警系统施工及验收规范》（GB 50166—2007）、《气体灭火系统施工及验收规范》（GB 50263—2007）、《泡沫灭火系统施工及验收规范》（GB 50281—2006）、《自动喷水灭火系统施工及验收规范》（GB 50261—2005）、《建筑内部装修防火施工及验收规范》（GB 50354—2005）及工作实际需求编写。共分为六章，内容主要包括：基本知识、火灾报警与消防联动系统施工、消火栓系统施工、自动喷水灭火系统施工、消防电气系统施工、其他消防灭火系统施工等。

　　本书采用"要点"体例进行编写，较为系统地介绍了消防工程施工现场应掌握的基础知识，内容翔实，体系严谨，简要明确，实用性强，可供从事消防工程施工技术人员、施工现场管理人员以及大专院校相关专业师生参考使用。

　　由于编者的经验和学识有限，尽管尽心尽力编写，但内容难免有疏漏、错误之处，敬请广大专家、学者批评指正。

目　　录

第一章　基 本 知 识

第一节　火灾基础知识

要点1：火灾的概念

按照国家消防术语标准的规定，火灾是指在时间或空间上失去控制的燃烧所造成的灾害。按照该定义，火灾应当包括下列三层含义：

（1）必须造成灾害，例如人员伤亡或财物损失等。

（2）该灾害必须是由燃烧导致的。

（3）该燃烧必须是失去控制的燃烧。

要确定一种燃烧现象是否属于火灾，应当根据以上三个条件去判定，否则就不能认定为火灾。比如人们在家里用燃气做饭的燃烧就不能认定为火灾，因为它是有控制的燃烧；再如，垃圾堆里的燃烧，虽然该燃烧属于失去控制的燃烧，但该燃烧没有造成灾害，所以也不是火灾。

要点2：火灾的性质

1. 火灾的发生既有确定性又有随机性

火灾作为一种燃烧现象，其规律具有确定性，同时又具有随机性。可燃物着火引起火灾，必须具备一定的条件，遵循一定的规律。条件具备时，火灾必然会发生；条件不具备，物质无论如何不会燃烧。但在一个地区、一段时间内，什么地方、什么单位、什么时间发生火灾，往往是很难预测的，即对于一场具体的火灾来说，其发生又具有随机性。火灾的随机性由于火灾发生原因极其复杂所致。因此必须时时警惕火灾的发生。

2. 火灾的发生是自然因素和社会因素共同作用的结果

火灾的发生首先与建筑科技、消防设施、可燃物燃烧特性，以及火源、风速、天气、地形、地物等物理化学因素有关。但火灾的发生绝对不是纯粹的自然现象，还与人们的生活习惯、操作技能、文化修养、教育程度、法律知识，以及规章制度、文化经济等社会因素有关。因此，消防工作是一项复杂的、涉及各个方面的系统工程。

要点3：火灾的分类

1. 按照燃烧物质分类

根据《火灾分类》（GB/T 4968—2008）的规定，火灾根据起火物质的特性，按照英文字母顺序分为以下 6 类。

A 类火灾：固体物质火灾。这种物质通常具有有机物性质，一般在燃烧时能产生灼热的余烬。

B 类火灾：液体或可熔化的固体物质火灾。

C 类火灾：气体火灾。

D 类火灾：金属火灾。

E 类火灾：带电火灾。物体带电燃烧的火灾。

F 类火灾：烹饪器具内的烹饪物（如动植物油脂）火灾。

2. 按照火灾发生地点分类

（1）地上火灾：地上火灾指发生在地表面上的火灾。地上火灾包括地上建筑火灾和森林火灾。地上建筑火灾分为民用建筑火灾、工业建筑火灾。

1）民用建筑火灾包括发生在城市和村镇的一般民用建筑和高层民用建筑内的火灾，以及发生在百货商场、饭店、宾馆、写字楼、影剧院、歌舞厅、机场、车站、码头等公用建筑内的火灾。

2）工业建筑火灾包括发生在一般工业建筑和特种工业建筑内的火灾。特种工业建筑是指油田、油库、化学品工厂、粮库、易燃和爆炸物品厂及仓库等火灾危险及危害性较大的场所。

3）森林火灾是指森林大火造成的危害。森林火灾不仅造成林木资源的损失，而且对生态和环境构成不同程度的破坏。

（2）地下火灾：地下火灾指发生在地表面以下的火灾。地下火灾主要包括发生在矿井、地下商场、地下油库、地下停车场和地下铁道等地点的火灾。这些地点属于典型的受限空间，空间结构复杂，受诱导风流的作用使火灾及烟气蔓延速度相对较快，再加上逃生通道上逃生人员和救灾人员逆流行进，救灾工作难度较大。

（3）水上火灾：水上火灾指发生在水面上的火灾。水上火灾主要包括发生在江、河、湖、海上航行的客轮、货轮和油轮上的火灾。也包括海上石油平台，以及油面火灾等。

（4）空间火灾：空间火灾指发生在飞机、航天飞机和空间站等航空及航天器中的火灾。特别是发生在航天飞机和空间站中的火灾，由于远离地球，重力作用较小，甚至完全失重，属微重力条件下的火灾。其火灾的发生与蔓延与地上建筑、地下建筑以及水上火灾相比，具有明显的特殊性。

3. 按照火灾损失严重程度分类

（1）特别重大火灾：指造成 30 人以上死亡，或者 100 人以上重伤，或者 1 亿元以上直接财产损失的火灾。

（2）重大火灾：指造成 10 人以上 30 人以下死亡，或者 50 人以上 100 人以下重伤，或者 5000 万元以上 1 亿元以下直接财产损失的火灾。

（3）较大火灾：指造成 3 人以上 10 人以下死亡，或者 10 人以上 50 人以下重伤，或者 1000 万元以上 5000 万元以下直接财产损失的火灾。

（4）一般火灾：指造成 3 人以下死亡，或者 10 人以下重伤，或者 1000 万元以下直接财产损失的火灾。

要点 4：火灾的形成过程

　　绝大部分火灾是发生在建筑物内。火灾最初都是发生在建筑物内的某一区域或者房间内的某一点，随着时间的增长，开始蔓延扩大直到整个空间、整个楼层，甚至整座建筑物。火灾的发生和发展的整个过程是一个非常复杂的过程，其所受到的影响因素众多，其中热量的传播是影响火灾发生和发展的决定性的因素。伴随着热量的传导、对流和辐射，使建筑物室内环境的温度迅速升高，若超过了人所能承受的极限，便会危及生命。随着室内温度进一步升高，建筑物构件和金属失去其强度，从而造成建筑物结构损害，房屋倒塌，甚至造成更为严重的生命和财产损失。

　　通常，室内平均温度随时间的变化可用曲线表示，用来说明建筑物室内的火灾发展过程，如图 1-1 所示。

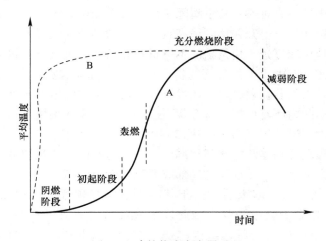

图 1-1　建筑物火灾发展过程
A—可燃固体火灾室内平均温度的上升曲线；B—可燃液体室内火灾的平均升温曲线

　　由图 1-1 可以看出火灾的发生、发展趋势，可以归结为下列几个阶段：

1. 阴燃阶段

　　阴燃是没有火焰的缓慢燃烧现象。很多固体物质，如纸张、锯末、纤维织物、纤维素板、胶乳橡胶以及某些多孔热固性塑料等，都有可能发生阴燃，尤其是当它们堆积起来的时候更容易发生阴燃。阴燃是固体燃烧的一种形式，是无可见光的缓慢燃烧，通常产生烟和温度上升等现象。阴燃与有焰燃烧的区别是无火焰，阴燃与无焰燃烧的区别是能热分解出可燃气体，因此在一定条件下阴燃可以转换成有焰燃烧。

2. 火灾初起阶段

　　当阴燃达到足够温度以及分解出了足够的可燃气体，阴燃就会转化成有焰燃烧现象。通常把可燃物质，如气体、液体和固体的可燃物等，在一定条件下形成非控制的火焰称为起火。在建筑火灾中，初始起火源多为固体可燃物。在某种点火源的作用下，固体可燃物的某个局部被引燃起火，失去控制，称为火灾初起阶段。

　　火灾初起阶段是火灾局限在起火部位的着火燃烧阶段。火是从某一点或者某件物品开始的，着火范围很小，燃烧产生的热量较小，烟气较少且流动速度很慢，火焰不大，辐射出的热量也不多，靠近火点的物品和结构开始受热，气体对流，温度开始上升。

火灾初起，如果能及时发现，是灭火和安全疏散最有利的时机，用较少的人力和简易灭火器材就能将火扑灭。此阶段，任何失策都会导致不良后果。例如，惊慌失措、不报警、不会报警、不会使用灭火器材、灭火方法不当、不及时提醒和组织在场人员撤离等，都会错过有利的短暂时机，使火势得以扩大到发展阶段。因此，人们必须学会正确认识和处置起火事故，将事故消灭在初起阶段。

3. 火灾发展阶段

在火灾初起阶段后期，火焰由局部向周围物质蔓延、火灾范围迅速扩大，当火灾房间温度达到一定值时，聚积在房间内的可燃气体突然起火，整个房间充满了火焰，房间内所有可燃物表面部分都被卷入火灾之中，且燃烧很猛烈，温度升高很快。房间内局部燃烧向全室性燃烧过渡，形成轰燃。

轰燃是指房间内的所有可燃物几乎瞬间全部起火燃烧，火灾面积扩大到整个房间，火焰辐射热量最多，房间温度上升并达到最高点。火焰和热烟气通过开口和受到破坏的结构开裂处向走廊或其他房间蔓延。建筑物的不燃材料和结构的机械强度将明显下降，甚至发生变形和倒塌。轰燃是室内火灾最显著的特征之一，它标志着火灾全面发展阶段的开始。对于安全疏散而言，人们若在轰燃之前还没有从室内逃出，则很难幸存。

轰燃发生后，房间内所有可燃物将会猛烈燃烧，放热速度很快，因而房间内温度升高很快，并出现持续性高温，最高温度可达到1100℃左右。火焰、高温烟气从房间的开口部位大量喷出，把火灾蔓延到建筑物的其他部分。室内高温还对建筑构件产生热作用，使建筑物构件的承载能力下降，造成建筑物局部或者整体倒塌破坏。

耐火建筑的房间通常在起火后，由于其四周墙壁和顶棚、地面采用具有一定耐火极限的不燃烧体构件而不会被烧穿，因此发生火灾时房间通风开口的大小没有什么变化，当火灾发展到全面燃烧阶段，室内燃烧大多由通风控制着，室内火灾保持着稳定的燃烧状态。火灾全面发展阶段的持续时间取决于室内可燃物的性质和数量、通风条件等。

为了减少火灾损失，针对火灾全面发展阶段的特点，在建筑防火设计中应采取的主要措施是在建筑物内设置具有一定耐火性能的防火分隔物，把火灾控制在一定的范围内，防止火灾大面积蔓延；选用耐火程度较高的建筑结构作为建筑物的承重体系，确保建筑物发生火灾时保持坚固，为火灾中人员疏散、消防队扑救火灾、火灾后建筑物修复以及继续使用创造条件，并且还要防止火灾向相邻建筑蔓延。

4. 熄灭阶段

在火灾全面发展阶段后期，随着室内可燃物的挥发物质不断减少以及可燃物数量的减少，火灾燃烧速度递减，温度逐渐下降。当室内平均温度降到温度最高值的80％时，则一般认为火灾进入熄灭阶段。随后，房间温度明显下降，直到把房间内的可燃物全部烧尽，室内外温度趋于一致，宣告火灾结束。

该阶段前期，燃烧仍十分猛烈，火灾温度仍很高。针对该阶段的特点，应注意防止建筑构件因较长时间受高温作用和灭火射水的冷却作用而出现裂缝、下沉、倾斜或倒塌破坏，确保消防人员的人身安全。

要点 5：常见火灾的起因及其危害

1. 吸烟不慎

吸烟不慎是引发火灾的重要原因。据公安部消防局统计，因吸烟不慎导致的火灾，约占所有火灾的 10.2%，这方面的教训极其深刻。

2. 电器使用不当

在全国发生的各种火灾中，因电器使用不当而引发火灾占有的比例相当大，据全国已调查的火灾分析高达 26.6%。

3. 违反安全操作规程

从全国的火灾统计情况看，因为违反安全操作规程引起的火灾占整个火灾的 7.2%～16%，究其原因，均是由于人们消防安全意识淡薄，工作责任心不强所致。

4. 用火不慎

人们在日常生活中经常用到火，然而，由于人们消防安全知识的匮乏，因此常因用火不慎引发火灾。根据公安部消防局近几年的火灾统计，因用火不慎引发的火灾约占 31%。

5. 小孩玩火

少年儿童几乎对所有的社会活动都感兴趣，表现出了强烈的好奇心与模仿力。尤其对各种声、光、色更感兴趣，例如燃放鞭炮、玩火做游戏等。当火被点燃时，见到了火光，就产生一种满足，表现出欢快的情绪，甚至手舞足蹈。但是，因为少年儿童缺乏生活经验，不知玩火时应注意些什么，更不了解火还有危险的一面，玩火时又会带有一种隐蔽性，当火焰蔓延扩大到控制不住时，由于少年儿童的自制能力差，情绪作用大，于是就会产生一种焦急和恐慌的心理，直至惊慌失措。因此，小孩玩火不仅常无意识地导致火灾，而且经常威胁少年儿童的生命安全。据统计，全国约有 7% 的火灾是由于小孩玩火导致的。

6. 电气焊接

电气焊接是生产、施工经常使用的动火操作，火灾危险性很大，在实际生产和生活中，常因不慎而引发大火。

要点 6：火灾事故的特点

1. 严重性

火灾易造成重大的伤亡事故和经济损失，使国家财产蒙受巨大损失，严重影响生产的顺利进行，甚至迫使工矿企业停产，通常需较长时间才能恢复。有时火灾与爆炸同时发生，损失更为惨重。

2. 复杂性

发生火灾的原因往往比较复杂，主要表现在可燃物广泛、火源众多、灾后事故调查和鉴定环境破坏严重等。此外，由于建筑结构的复杂性和多种可燃物的混杂也给灭火和调查分析带来很多困难。

3. 突发性

火灾事故往往是在人们意想不到的情况下突然发生，虽然存在有事故的征兆，但一方面是由于目前对火灾事故的监测、报警等手段的可靠性、实用性和广泛应用尚不理想；另一方面则是因为至今还有相当多的人员对火灾事故的规律及其征兆了解甚微，耽误救援时间，致使对火灾的认识、处理、救援造成很大困难。

要点 7：火灾的蔓延方式

火灾的发生、发展是一个火灾发展蔓延、能量传播的过程。热传播是影响火灾发展的决定性因素。热量通过以下四种方式传播：火焰蔓延、热传导、热对流和热辐射。

1. 火焰蔓延

初始燃烧的表面火焰，在使可燃材料燃烧的同时，并将火灾蔓延开来。火焰蔓延速度主要取决于火焰传热的速度。

2. 热传导

火灾区域燃烧产生的热量，经导热性好的建筑构件或建筑设备传导，能够使火灾蔓延到相邻或上下层房间。例如，薄壁隔墙、楼板、金属管壁，都可以把火灾区域的燃烧热传导至另一侧的表面，使地板上或靠着隔墙堆积的可燃、易燃物质燃烧，导致火灾扩大。应该指出的是，火灾通过传导的方式进行蔓延扩大，有两个比较明显的特点：其一是必须具有导热性好的媒介，如金属构件、薄壁构件或金属设备等；其二是蔓延的距离较近，一般只能是相邻的建筑空间。可见，由热传导蔓延扩大火灾的范围是有限的。

3. 热对流

热对流作用可以使火灾区域的高温燃烧产物与火灾区域外的冷空气发生强烈流动，将高温燃烧产物传播到较远处，造成火势扩大。建筑房间起火时，在建筑内燃烧产物则往往经过房门流向走道，窜到其他房间，并通过楼梯间向上层扩散。在火场上，浓烟流窜的方向，往往就是火势蔓延的方向。

4. 热辐射

热辐射是物体在一定温度下以电磁波方式向外传送热能的过程。一般物体在通常所遇到的温度下，向空间发射的能量，绝大多数都集中于热辐射。建筑物发生火灾时，火场的温度高达上千度，通过外墙开口部位向外发射大量的辐射热，对邻近建筑构成威胁；同时，也会加速火灾在室内的蔓延。

要点 8：火灾的蔓延途径

建筑内某一房间发生火灾，当发展到轰燃之后，火势猛烈，就会突破该房间的限制。当向其他空间蔓延时，其途径有：未适当划分防火分区，使火灾在未受任何限制的条件下蔓延扩大；防火隔墙和房间隔墙未砌到楼板基层底部，导致火灾在吊顶空间内部蔓延；由可燃的户门及可燃隔墙向其他空间蔓延；电梯井竖向蔓延；非防火、防烟楼梯间及其他竖井未作有效防火分隔而形成竖向蔓延；外窗口形成的竖向蔓延；通风管道等及其周围缝隙造成火灾蔓延等。

1. 火灾在水平方向的蔓延

（1）未划分防火分区：对于主体为耐火结构的建筑来说，建筑物内未划分水平防火分区，没有防火墙及相应的防火门等形成控制火灾的区域空间是造成水平蔓延的主要原因之一。

（2）洞口分隔不完善：对于耐火建筑来说，火灾横向蔓延的另一原因是洞口处的分隔处理不完善。如，户门为可燃的木质门，火灾时被烧穿；金属防火卷帘无水幕保护，导致卷帘被烧熔化；管道穿孔处未用不燃材料密封等等都能使火灾从一侧向另一侧蔓延。加之，现实生活中也有设计不合理及设计合理但未能合理使用两种现象；就钢质防火门来说，在建筑物正常使用情况下，门是开着的，有的甚至用木楔子支住，一旦发生火灾，不能及时关闭也会造成火灾蔓延。

此外，防火卷帘和防火门受热后变形很大，一般凸向加热一侧。防火卷帘在火焰的作用下，其背火面的温度很高，如果无水幕保护，其背火面将会产生强烈的热辐射。在背火面靠近卷帘堆放的可燃物，或卷帘与可燃构件、可燃装修接触时，就会导致火灾蔓延。

（3）吊顶内部空间蔓延火灾：目前有些框架结构建筑，竣工时只是个大的空间，出售或出租给用户后，由用户自行分隔、装修。有不少装设吊顶的建筑，房间与房间、房间与走廊之间的分隔墙只做到吊顶底皮，吊顶之上部仍为连通空间。一旦起火极易在吊顶内部蔓延，且难以及时发现，导致灾情扩大。即使没有设吊顶，隔墙如不砌到耐火楼板基层的底部，留有孔洞或连通空间，也会成为火灾蔓延和烟气扩散的途径。

（4）火灾通过可燃的隔墙、吊顶、地毯等蔓延可燃构件与装饰物在火灾时直接成为火灾荷载。

2. 火灾通过竖井蔓延

建筑物内部有电梯、楼梯、管道井、垃圾道等竖井，这些竖井往往贯穿整个建筑，若未作周密完善的防火设计，一旦发生火灾，就可以蔓延到建筑的任意一层。

此外，建筑中一些不引人注意的孔洞，有时会造成整座大楼的恶性火灾，尤其是在现代建筑中，吊顶与楼板之间、变形缝、幕墙与分隔构件之间的空隙、保温夹层、通风管道等都有可能因施工质量等留下孔洞，而且有的孔洞水平方向与竖直方向互相穿通，用户往往不知道这些火灾隐患的存在，未采取相应防火措施，火灾时会导致火灾的蔓延。

（1）通过楼梯间蔓延：火灾高层建筑的楼梯间，若未按防火、防烟要求设计，则在火灾时犹如烟囱一般，烟火很快会由此向上蔓延。

有些高层建筑楼梯间的门未采用防火门，发生火灾后，不能有效地阻止烟火进入楼梯间，以致形成火灾蔓延通道，甚至造成重大的火灾事故。

（2）火灾通过电梯井蔓延：电梯间未设防烟前室及防火门分隔，将会形成一座座竖向烟囱。

在现代商业大厦及交通枢纽、航空等人流集散量大的建筑物内，一般以自动扶梯代替了电梯。自动扶梯所形成的竖向连通空间，也是火灾蔓延的途径，设计时必须予以高度重视。

（3）火灾通过其他竖井蔓延：高层建筑中的通风竖井、管道井、电缆井、垃圾井也是高层建筑火灾蔓延的主要途径。

此外，垃圾道是容易着火的部位，是火灾中火势蔓延的竖向通道。防火意识淡薄者，习惯将未熄灭的烟头扔进垃圾井，引燃可燃垃圾，导致火灾在垃圾井内隐燃、扩大、蔓延。

3. 火灾通过空调系统管道蔓延

高层建筑空调系统，未在规定部位设防火阀，采用不燃烧的风管，采用不燃或难燃材料做保温层，火灾时会造成严重损失。

通风管道蔓延火灾一般有两种方式，一是通风道内起火并向连通的空间（房间、吊顶内部、机房等）蔓延；二是通风管道把起火房间的烟火送到其他空间。通风管道不仅很容易把火灾蔓延到其他空间，更危险的是它可以吸进火灾房间的烟气，而在远离火场的其他空间再喷吐出来，造成大批人员因烟气中毒而死亡。因此，在通风管道穿越防火分区处，一定要设置具有自动关闭功能的防火阀。

4. 火灾由窗口向上层蔓延

在现代建筑中，往往从起火房间窗口喷出烟气和火焰，沿窗间墙及上层窗口向上窜越，烧毁上层窗户，引燃房间内的可燃物，使火灾蔓延到上部楼层。若建筑物采用带形窗，火灾房间喷出的火焰被吸附在建筑物表面，有时甚至会吸入上层窗户内部。

要点9：气体可燃物在火灾中的蔓延

可燃气体与空气混合后可形成预混合可燃混合气，一旦着火燃烧，就形成了气体可燃物中的火灾蔓延。

预混气的流动状态对燃烧过程有很大的影响。流动状态不同，产生的燃烧形态就不同，处于层流状态的火焰因可燃混合气流速不高没有扰动，火焰表面光滑，燃烧状态平稳。火焰通过热传导和分子扩散把热量和活化中心（自由基）供给邻近的尚未燃烧的可燃混合气薄层，可使火焰传播下去。这种火焰称为层流火焰。

当可燃混合气流速较高或者流通截面较大、流量增大时，流体中将产生大大小小数量极多的流体涡团，做无规则的旋转和移动。在流动过程中，穿过流线前后和上下扰动。火焰表面皱褶变形，变短变粗，翻滚并发出声响。这种火焰称为湍流火焰。与层流火焰不同，湍流火焰面的热量和活性中心（自由基）不向未燃混合气输送，而是靠流体的涡团运动来激发和强化，由流体运动状态支配。同层流燃烧相比，湍流燃烧要更为激烈，火焰传播速度要大得多。

预混气的燃烧有可能发生爆轰。发生爆轰时，其火焰传播速度非常快，一般超过音速，产生压力也非常高，并对设备产生非常严重的破坏。

要点10：液体可燃物在火灾中的蔓延

液体可燃物的燃烧可分为喷雾燃烧和液面燃烧两种，火焰可在油雾中和液面上传播，使火灾蔓延。

1. 油雾中火灾的蔓延

当输油管道或者储油罐破裂时，大量燃油从裂缝中喷出，形成油雾，一旦着火燃烧，火灾就会蔓延。在这种条件下形成的喷雾条件一般较差，雾化质量不高，产生的液滴直径较大。而且液滴所处的环境温度为室温，所以液滴蒸发速率较小，着火燃烧后形成油雾扩散火焰。

液滴群火焰传播特性与燃料性质（如分子量和挥发性）有关，分子量越小，挥发性越好，其火焰传播速度接近于气体火焰传播速度。影响液滴群火焰传播速度的另一个重要因素是液滴的平均粒径。例如，四氢化萘液雾的火焰传播，当液滴直径小于 $10\mu m$ 时，火焰呈蓝色连续表面，传播速度与液体蒸气和空气的预混气体的燃烧速率相类似；当液滴直径在 $10\sim40\mu m$ 时，既有连续火焰面形成的蓝色，还夹杂着黄色和白色的发光亮点，火焰区呈团块状，表明存在着单个液滴燃烧形成的扩散火焰；当液滴直径超过 $40\mu m$ 时，火焰已不形成连续表面，而是从一颗液滴传到另一颗液滴。火焰能否传播以及火焰的传播速度都将受到液滴间距、液滴尺寸和液体性质的影响。当一颗液滴所放出的热量足以使邻近液滴着火燃烧时，火焰才能传播下去。

2. 液面火灾的蔓延

可燃液体表面在着火之前会形成可燃蒸气与空气的混合气体。当液体温度超过闪点时，液面上的蒸气浓度在爆炸浓度范围之内，这时若有点火源，火焰就会在液面上传播。当液体的温度低于闪点时，由于液面上蒸气浓度小于爆炸浓度下限，因此用一般的点火源是不能点燃的，也就不存在火焰的传播。但是，若在一个大液面上，某一端有强点火源使低于闪点的液体着火，因为火焰向周围液面传递热量，使周围液面的温度有所升高，蒸发速率有所加快，这样火焰就能继续传播蔓延。并且液体温度比较低，这时的火焰传播速度比较慢。当液体温度低于闪点时，火焰蔓延速度较慢，当液体温度超过闪点后，火焰蔓延速度急剧加快。

3. 含可燃液体的固面火灾蔓延

当可燃液体泄漏到地面（如土壤、沙滩）上，地面就成了含有可燃物的固体表面，一旦着火燃烧就形成了含可燃液体的固面火灾。

（1）可燃液体闪点对火灾蔓延的影响：含可燃液体的固面火灾的蔓延与可燃液体的闪点有关，当液体初温较高，尤其超过闪点时，含可燃液体的固面火灾的蔓延速度较快。随着风速增大，含可燃液体的固面火灾的蔓延速度减小，当风速达到某一值之后，蔓延速度急剧下降，甚至灭火。

（2）地面沙粒的直径对火灾蔓延的影响：地面沙粒的直径也会影响含可燃液体的固面火灾的蔓延，并且随着粒径的增大，火灾蔓延速度不断减小。

要点 11：固体可燃物在火灾中的蔓延

固体可燃物的燃烧过程比气体、液体可燃物的燃烧过程要复杂得多，影响因素也很多。

1. 影响因素

固体可燃物一旦着火燃烧后，就会沿着可燃物表面蔓延。蔓延速度与环境因素和材料特性有关，其大小决定了火势发展的快慢。

（1）固体的熔点、热分解温度越低，其燃烧速率越快，火灾蔓延速度也越快。

（2）外界环境中的氧浓度增大，火焰传播速度加快。

（3）风速增加也有利于火焰的传播，但风速过大会吹灭火焰。空气压力增加，提高了化学反应速率，加速了火焰传播。

相同的材料，在相同的外界条件下，火焰沿材料的水平方向、倾斜方向及垂直方向的传播蔓延速度也不相同。在无风的条件下，火焰形状基本是对称的，由于火焰的上升而夹带的空气流在火焰四周也是对称的，火焰将会逆着空气流的方向向四周蔓延。火焰向材料表面未燃烧区域的传热方式主要是热辐射，但在火焰根部对流换热占主导地位。

有风时，火焰顺着风向倾斜。火焰和材料表面间的热辐射不再对称。在上风侧，火焰逆风方向传播。然而，辐射角系数较小，辐射热可忽略不计，气相热传导是主要的传热方式，因此火焰传播速度非常慢，甚至不能传播。而在下风侧，火焰和材料表面间的传热主要为热辐射和对流换热，辐射角系数较大，所以火焰传播速度较快。

2. 薄片状固体可燃物火灾的蔓延

纸张、窗帘、幕布等薄片状固体一旦着火燃烧，其火灾的蔓延规律与一般固体相比有显著的特点。这是因为这种固体可燃物面积大、厚度小、热容量小，受热后升温快。并且这种火的蔓延速度较快，对整个火灾过程的发展影响大，应当作为早期灭火的主要对象。

特别是幕布、窗帘等可燃物，平时垂直放置。由于火灾过程的热浮力作用，火灾蔓延速度更快。

要点 12：影响火灾严重性的因素

建筑火灾严重性是指在建筑中发生火灾的大小及危害程度。火灾严重性取决于火灾达到的最高温度以及在最高温度下燃烧持续的时间，它表明了火灾对建筑结构或建筑造成损坏和对建筑中人员、财产造成危害的程度大小。

影响火灾严重性的因素大致有以下六个方面：

（1）可燃材料的燃烧性能。

（2）可燃材料的数量（火灾荷载）。

（3）可燃材料的分布。

（4）着火房间的热性能。

（5）着火房间的大小和形状。

（6）房间开口的面积和形状。

其中，建筑的类型和构造等对火灾严重性的影响比较突出，特别是建筑内可燃物或可燃材料的数量及燃烧性能对火灾全面发展阶段，即火灾旺盛期的燃烧速度，火场强度、火灾持续时间影响尤为突出。

要点 13：火灾与社会经济的关系

火灾的双重性，尤其是随机性特征表明，火灾是一种同人类活动密切相关，但是不完全以人的意志为转移的灾害现象，火灾具有与社会环境条件和人类行为密切关联的特性。随着社会生产规模的扩大、财富积累的迅速增加以及生活水平的提高，造成火灾的因素增多，即使采取了一些常规性的或者应急性的防灾措施，也难以杜绝火灾发生，火灾发生频率和造成的损失呈显著增长的趋势。据火灾统计资料表明，20 世纪后半叶，美国经济快速增长，1950～2000 年 50 年间，其国民生产总值由 2822 亿美元增长至 98960 亿美元，国民生产总值增加了 35 倍的同时，火灾直接财产损失增长了约 17 倍，由 1950 年的 6.5 亿美元增加到 2000 年的 112 亿美元。日本从 1959～1991 年火灾直接财产损失也增加了 7.8

倍。《中国火灾统计年鉴》的火灾统计数据表明，1950 年到 2005 年 56 年间，我国共发生火灾约 466.4 万起，死亡约 18 万人，伤约 47.5 万人，直接经济损失达 255.9 亿元。自1996 年以来，随着经济的快速发展，我国火灾起数持续增长，2001～2005 年五年间我国火灾起数达到了 121.7 万起，死亡约 1.2 万人，伤 1.6 万人，直接经济损失达 75.5 亿元。近年来火灾的起数达到了 56 年总和的 26% 左右。令人感到欣慰的是，随着国家对消防安全的重视。我国 1950～2006 年间火灾数据的统计分析见表 1-1，1991～2006 年间火灾数据的统计分析如图 1-2、图 1-3 所示。

我国 1950～2005 年火灾数据统计分析　　　　　　　表 1-1

年度	火灾起数（万起）	死亡（万人）	受伤（万人）	直接损失（亿元）
1950～2005	466.4	18.0	47.5	255.9
1991～2005	210.5	3.7	5.9	191.7
1996～2005	190.5	2.5	3.8	145.1
2001～2005	121.7	1.2	1.6	75.5
2006	22.2702	0.1517	0.1418	7.8

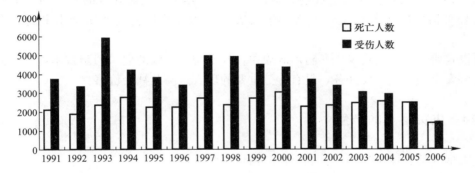

图 1-2　1991～2006 年火灾伤亡情况

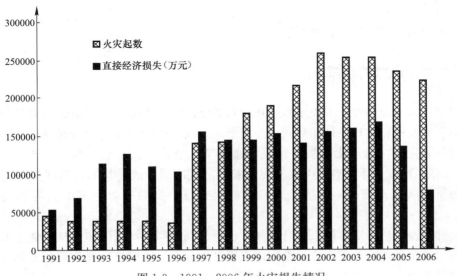

图 1-3　1991～2006 年火灾损失情况

据火灾统计资料的分析表明，20 世纪 80 年代以前，我国火灾主要集中是在农村地区，火灾起数、死亡和受伤人数以及直接经济损失四项指标农村占较大份额。在近年来，随着经济的蓬勃发展，我国城市化水平发展速度突飞猛进，城市人口也随之迅速增加。但是，绝大多数城市还处于新城与旧城、城区与工业区以及商业区与棚户区共存的状态，相当一部分城市中还遗留有由于历史原因建成的不符合消防规范标准的加油（气）站及易燃易爆品生产储存点等，城市格局处于畸形状态。自 20 世纪 80 年代开始，我国城市火灾的比例逐年上升，农村火灾比例下降，城市火灾四项指标占到 60％以上。尤其是，城市建筑密度增大，地下工程和高层建筑增加，24m 以上的、100m 以上的高层以及超高层建筑已成为城市建设的主流，建筑物内人员密度高度集中。大量新开发的建筑物，高度节节攀升，盲目追求规模及功能的庞大、复杂。特别是新建建筑和后期改造的旧建筑盲目追求装修的奢华程度，建筑物的火灾荷载以及消防设计和施工存在严重的超规范及违规范的现象。城市火灾由过去易燃易爆品集中的工厂、仓库以及居民住宅等场所开始向商场、饭店、舞厅等公共建筑以及高层建筑、地下建筑蔓延。从 20 世纪 90 年代开始，重特大火灾尤其是公共建筑物内重特大恶性火灾事故显著增多，并且由于建筑物内人员密集，火灾造成的人员伤亡惨重。建筑火灾所导致的经济损失上升到全部火灾经济损失的 80％以上，城市建筑火灾已成为威胁社会公共安全水平的一个重要因素。

所以，研究建筑火灾发生和防治的规律，开发切实有效的建筑消防技术，是当前加强城市公共安全的一项重要任务，具有十分重要的现实意义及社会价值。

要点 14：火灾烟气的产生

火灾烟气是燃烧过程的一种混合物产物，主要有：

（1）可燃物热解或燃烧产生的气相产物，如未燃气体、水蒸气、CO、CO_2、多种低分子的碳氢化合物及少量的硫化物、氯化物、氰化物等。

（2）由于卷吸而进入的空气。

（3）多种微小的固体颗粒和液滴。

要点 15：火灾烟气的组成

火灾烟气的成分和性质取决于发生热解和燃烧的物质本身的化学组成，以及与燃烧条件有关的供氧条件、供热条件和空间、时间情况。火灾烟气中含有燃烧和热分解所生成的气体（如一氧化碳、二氧化碳、氯化氢、硫化氢、氰化氢、乙醛、苯、甲苯、光气、氯气、氨、丙醛等）、悬浮在空气中的液态颗粒（蒸气冷凝而成的均匀分散的焦油类粒子和高沸点物质的凝缩液滴等）和固态颗粒（燃料充分燃烧后残留下来的灰烬和炭黑固体粒子）。

火灾时各种可燃物质燃烧生成有毒气体各不相同，例如，纸张和木材燃烧主要产生一氧化碳和二氧化碳；棉花和人造纤维燃烧主要产生有毒气体也是一氧化碳和二氧化碳；酚醛树脂燃烧主要产生一氧化碳、氨和氰化物。

要点 16：火灾烟气的特征

1. 火灾烟气的浓度

烟是指在空气中浮游的固体或液体烟粒子，其粒径在 $0.01 \sim 10 \mu m$ 之间。而火灾时产生的烟，除了烟粒子外，还包括其他气体燃烧产物以及未参加燃烧反应的气体。

火灾中的烟气浓度，一般有质量浓度、粒子浓度和光学浓度三种表示法。

（1）烟的质量浓度

单位容积的烟气中所含烟粒子的质量，称为烟的质量浓度 η_s（mg/m^3）即：

$$\eta_s = \frac{m_s}{V_s} \tag{1-1}$$

式中　m_s——容积 V_0 的烟气中含有烟粒子的质量（mg）；

V_s——烟气容积（m^3）。

（2）烟的粒子浓度

单位容积的烟气中所含烟粒子的数目，称为烟的粒子浓度 n_s（个/m^3），即：

$$n_s = \frac{N_s}{V_s} \tag{1-2}$$

式中　N_s——容积 V_s 的烟气中含有的烟粒子数。

（3）烟的光学浓度

当可见光通过烟层时，烟粒子削减光线的强度。光线减弱的程度与烟的浓度有函数关系。光学浓度就是由光线通过烟层后的能见距离，用减光系数 C_s 来表示。

在火灾时，建筑物内充入烟和其他燃烧产物，降低火场的能见距离，从而影响人员的安全疏散，阻碍消防队员接近火点救人和灭火。

设光源与受光物体之间的距离为 L（m），无烟时受光物体处的光线强度为 I_0（cd），有烟时光线强度为 I（cd），则由朗伯-比尔定律得：

$$I = I_0 e^{-C_s L} \tag{1-3}$$

或

$$C_s = \frac{1}{L} \ln \frac{I_0}{I} \tag{1-4}$$

式中　C_s——烟的减光系数（m^{-1}）；

L——光源与受光体之间的距离（m）；

I_0——光源处的光强度（cd）。

从公式（1-4）可以看出，当 C_s 值愈大时，也就是烟的浓度愈大时，光线强度 I 就愈小，L 值愈大时，亦即距离愈远时，I 值就愈小。

我们在恒温的电炉中燃烧试块，把燃烧所产生的烟集蓄在一定容积的集烟箱里，同时测定试块在燃烧时的重量损失和集烟箱内烟的浓度，来研究各种材料在火灾时的发烟特性。然后将测量得到的结果列于表 1-2 中。

2. 建筑材料的发烟量和发烟速度

各种建筑材料在不同的温度下，单位重量的建筑材料所产生的烟量是不同的，具体数值参见表 1-3。

建筑材料燃烧时产生烟的浓度和表观密度　　　　　　　　表 1-2

材料	木材		氯乙烯树脂	苯乙烯泡沫塑料	聚氨酯泡沫塑料	发烟筒（有酒精）
燃烧温度（℃）	300～210	580～620	820	500	720	720
空气比	0.41～0.49	2.43～2.65	0.64	0.17	0.97	—
减光系数（m^{-1}）	10～35	20～31	＞35	30	32	3
表观密度差（%）	0.7～1.1	0.9～1.5	2.7	2.1	0.4	2.5

注：表观密度差是指在同温度下，烟的表现密度 γ_s 与空气表观密度 γ_a 之差的百分比，即 $\dfrac{\gamma_s - \gamma_a}{\gamma_s}$。

各种材料产生的烟量（m^3/g）　　　　　　　　表 1-3

材料名称	300℃	400℃	500℃	材料名称	300℃	400℃	500℃
松	4.0	1.8	0.4	锯木屑板	2.8	2.0	0.4
杉木	3.6	2.1	0.4	玻璃纤维增强塑料		6.2	4.1
普通胶合板	4.0	1.0	0.4	聚氯乙烯		4.0	10.4
难燃胶合板	3.4	2.0	0.6	聚苯乙烯	—	12.6	10.0
硬质纤维板	1.4	2.1	0.6	聚氨酯（人造橡胶之一）		14.0	4.0

从表中可以看出，木材类在温度升高时，发烟量有所减少。这是因为分解出的碳质微粒在高温下又重新燃烧，并且温度升高后减少了碳质微粒的分解，高分子有机材料产生大量的烟气。

除了发烟量外，火灾中影响生命安全的另一重要因素就是发烟速度，即单位时间、单位重量可燃物的发烟量，表 1-4 是由实验得到的各种材料的发烟速度。

各种材料的发烟速度 [$m^3/(s \cdot g)$]　　　　　　　　表 1-4

材料名称	加热温度（℃）											
	225	230	235	260	280	290	300	350	400	450	500	550
针枞	—	—	—	—	—	—	0.72	0.80	0.71	0.38	0.17	0.17
杉	—	0.17	—	0.25	—	0.28	0.61	0.72	0.71	0.53	0.13	0.31
普通胶合板	0.03	—	—	0.09	0.25	0.26	0.93	1.08	1.10	1.07	0.31	0.24
难燃胶合板	0.01	—	0.09	0.11	0.13	0.20	0.56	0.61	0.58	0.59	0.22	0.20
硬质板	—	—	—	—	—	—	0.76	1.22	1.19	0.19	0.26	0.27
微片板	—	—	—	—	—	—	0.63	0.76	0.85	0.19	0.15	0.12
苯乙烯泡沫板 A	—	—	—	—	—	—	—	1.58	2.68	5.92	6.90	8.96
苯乙烯泡沫板 B	—	—	—	—	—	—	—	1.24	2.36	3.56	5.34	4.46
聚氨酯	—	—	—	—	—	—	—	—	5.0	11.5	15.0	16.5
玻璃纤维增强塑料	—	—	—	—	—	—	—	—	0.50	1.0	3.0	0.5
聚氯乙烯	—	—	—	—	—	—	—	—	0.10	4.5	7.50	9.70
聚苯乙烯	—	—	—	—	—	—	—	—	1.0	4.95	—	2.97

该表说明，当木材类在加热温度超过 350℃ 的时候，发烟速度一般随温度的升高而降低。而高分子有机材料则恰好相反。高分子材料的发烟速度比木材要大得多，这是因为高分子材料的发烟系数大，并且燃烧速度快。

3. 能见距离

火灾的烟气导致人们辨认目标的能力大大降低，并使事故照明和疏散标志的作用减弱。因此，人们在疏散时通常看不清周围的环境，甚至达到辨认不清疏散方向，找不到安全出口，影响人员安全的程度。当能见距离下降到 3m 以下时，逃离火场就非常困难。

研究证明，烟的减光系数 C_s 与能见距离 D 之积为常数 C，其数值因观察目标的不同而不同。

（1）疏散通道上的反光标志、疏散门等，$C = 2\sim4$；对发光型标志、指示灯等，$C = 5\sim10$。用公式表示：

$$D \approx \frac{2\sim4}{C_s} \qquad (1-5)$$

能见距离 D（m）与烟浓度 C_s 的关系还可以从图 1-4 实验结果予以说明。

有关室内装饰材料等反光型材料的能见距离见表 1-5。

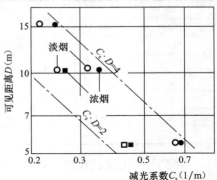

图 1-4　反射型标志的能见距离

○●反射系数为 0.7；□■反射系数为 0.3；
室内平均照度为 70lx

反光饰面材料的能见距离 D（m）　　　　表 1-5

反光系数	室内饰面材料名称	烟的浓度 C_s（m^{-1}）					
		0.2	0.3	0.4	0.5	0.6	0.7
0.1	红色木地板、黑色大理石	10.40	6.93	5.20	4.16	3.47	2.97
0.2	灰砖、菱苦土地面、铸铁、钢板地面	13.87	9.24	6.93	5.55	4.62	3.96
0.3	红砖、塑料贴面板、混凝土地面、红色大理石	15.98	10.59	7.95	6.36	5.30	4.54
0.4	水泥砂浆抹面	17.33	11.55	8.67	6.93	5.78	4.95
0.5	有窗未挂帘的白墙、木板、胶合板、灰白色大理石	18.45	12.30	9.22	7.23	6.15	5.27
0.6	白色大理石	19.36	12.90	9.68	7.74	6.45	5.53
0.7	白墙、白色水磨石、白色调和漆、白水泥	20.13	13.42	10.06	8.05	6.93	5.75
0.8	浅色瓷砖、白色乳胶漆	20.80	13.86	10.40	8.32	6.93	5.94

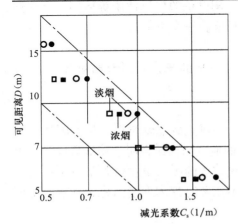

图 1-5　发光型标志的能见距离

○●20cd/m²；□■500cd/m²；

室内平均照度为 40lx

（2）对发光型标志、指示灯等，$C = 5\sim10$。用公式表示：

$$D \approx \frac{5\sim10}{C_s} \qquad (1-6)$$

能见距离 D 与烟浓度 C_s 的关系由图 1-5 的实验结果予以说明。

不同功率的电光源的能见距离见表 1-6。

4. 烟的允许极限浓度

为了使身处火场中的人们能够看清疏散楼梯间的门和疏散标志，保障疏散安全，需要确定疏散时人们的能见距离不得小于某一最小值。这个最小的允许能见距离称为疏散极限视距，一般用 D_{min} 表示。

15

发光型标志的能见距离 D（m） 表1-6

I_0（lm/m^2）	电光源类型	功率（W）	烟的浓度 C_s（m^{-1}）				
			0.5	0.7	1.0	1.3	1.5
2400	荧光灯	40	16.95	12.11	8.48	6.52	5.65
2000	白炽灯	150	16.59	11.85	8.29	6.38	5.53
1500	荧光灯	30	16.01	11.44	8.01	6.16	5.34
1250	白炽灯	100	15.65	11.18	7.82	6.02	5.22
1000	白炽灯	80	15.21	10.86	7.60	5.85	5.07
600	白炽灯	60	14.18	10.13	7.09	5.45	4.73
350	白炽灯、荧光灯	40.8	13.13	9.36	6.55	5.04	4.37
222	白炽灯	25	12.17	8.70	6.09	4.68	4.06

对于不同用途的建筑，其内部的人员对建筑物的熟悉程度也不同。对于不熟悉建筑物的人，其疏散极限视距应规定较大值，即 $D_{min}=30m$；对于熟悉建筑物的人，其疏散极限视距应规定采用较小值，即 $D_{min}=5m$。如果要看清疏散通道上的门和反光型标志，则烟的允许极限浓度应为 C_{smax}：

对于熟悉建筑物的人：$C_{smax}=(0.2\sim0.4)m^{-1}$，平均为 $0.3m^{-1}$；

对于不熟悉建筑物的人：$C_{smax}=(0.07\sim0.13)m^{-1}$，平均为 $0.1m^{-1}$。

火灾房间的烟浓度根据实验取样检测，一般为 $C_s=(25\sim30)m^{-1}$。因此，火灾房间有黑烟喷出的时候，这时室内烟浓度即为 $C_s=(25\sim30)m^{-1}$。由此可见，为了保障疏散安全，无论是熟悉建筑物的人，还是不熟悉建筑物的人，烟在走廊里的浓度只允许达到起火房间内烟浓度的 1/300（0.1/30）～1/100（0.3/30）的程度。

要点 17：火灾烟气的危害

国内外大量建筑火灾表明，死亡人数中有 50％ 左右是被烟气毒死的。近年来由于各种塑料制品大量用于建筑物内，以及无窗房间的增多和空调设备的广泛使用等原因，火灾烟气中毒亡人员的比例有显著增加。烟气的危害性集中反应在三个方面。

1. 对人体的危害

在火灾中，人员除了直接被烧或者跳楼死亡之外，其他的死亡原因大都和烟气有关，主要有：

（1）一氧化碳中毒

一氧化碳被人吸入后和血液中的血红蛋白结合成为一氧化碳血红蛋白，从而阻碍血液把氧输送到人体各部分。当一氧化碳和血液 50％ 以上的血红蛋白结合时，便能造成脑和中枢神经严重缺氧，继而失去知觉，甚至死亡。即使一氧化碳的吸入量在致死量以下，也会因缺氧而引发头痛无力及呕吐等症状，最终仍可导致不能及时逃离火场而死亡。不同浓度的一氧化碳对人体的影响程度见表1-7。

（2）缺氧

在着火区域的空气中充满了一氧化碳、二氧化碳及其他有毒气体，加之燃烧需要大量的氧气，这就造成空气中的含氧量大大降低。发生爆炸时甚至可以降到 5％ 以下，此时人体会受到强烈的影响而死亡，其危险性也不亚于一氧化碳。空气中缺氧对人体的影响情况见表1-8。气密性较好的房间，有时少量可燃物的燃烧也会造成含氧降低较多。

CO对人体的影响程度　　　　　　　　　　表1-7

空气中一氧化碳含量（%）	对人体的影响程度
0.01	数小时对人体影响不大
0.05	1.0h 内对人体影响不大
0.1	1.0h 后头痛，不舒服，呕吐
0.5	引起剧烈头晕，经 20～30min 有死亡危险
1.0	呼吸数次失去知觉，经过 1～2min 即可能死亡

缺氧对人体的影响程度　　　　　　　　　　表1-8

空气中氧的浓度（%）	症状
21	空气中含氧的正常值
20	无影响
16～12	呼吸、脉搏增加，肌肉有规律的运动受到影响
12～10	感觉错乱，呼吸紊乱，肌肉不舒畅，很快疲劳
10～6	呕吐，神志不清
6	呼吸停止，数分钟后死亡

（3）烟气中毒

木材制品燃烧产生的醛类，聚氯乙烯燃烧产生的氢氯化合物都具有很强的刺激性，甚至是致命的。随着新型建筑材料及塑料的广泛使用，烟气的毒性也越来越大，火灾疏散时的有毒气体允许浓度见表1-9。

疏散时有毒气体允许浓度　　　　　　　　　　表1-9

毒性气体种类	一氧化碳 CO	二氧化碳 CO_2	氯化氢 HCl	光气 $COCl_2$	氨 NH_3	氰化氢 HCN
允许浓度（%）	0.2	3.0	0.1	0.0025	0.3	0.02

（4）窒息

火灾时，人员可能因头部烧伤或吸入高温烟气而使口腔及喉部肿胀，以致引起呼吸道阻塞窒息。此时，如没有得到及时抢救，就有被烧死或被烟气毒死的可能。

在烟气对人体的危害中，以一氧化碳的增加和氧气的减少影响最为严重。起火后这些因素是相互混合共同作用于人体的，这比其单独作用更具危险性。

2. 对疏散的危害

在着火区域的房间及疏散通道内，充满了含有大量一氧化碳及各种燃烧成分的热烟，甚至远离火区的部位及火区上部也可能烟雾弥漫，这给人员的疏散带来了极大的困难。烟气中的某些成分会对眼睛、鼻、喉产生强烈刺激，使人们视力下降且呼吸困难。浓烟能造成人们的恐惧感，使人们失去行为能力甚至出现异常行为。烟气集中在疏散通道的上部空间，通常使人们掩面弯腰地摸索行走，速度既慢又不易找到安全出口，甚至还可能走回头路。人们在烟中停留一二分钟就可能昏倒，四五分钟就有死亡的危险。

3. 对扑救的危害

消防队员在进行灭火救援时，同样要受到烟气的威胁。烟气严重妨碍消防员的行动；

弥漫的烟雾影响视线，使消防队员很难找到起火点，也不易辨别火势发展的方向，灭火行动难以有效地开展。同时，烟气中某些燃烧产物还有造成新的火源和促使火势发展的危险；不完全燃烧物可能继续燃烧，有的还能与空气形成爆炸性混合物；带有高温的烟气会因气体的热对流和热辐射而引燃烧其他可燃物。导致火场扩大，给扑救工作增大了难度。

要点 18：烟的允许极限浓度

为了使处于火场中的人们能够看清疏散楼梯间的门和疏散标志，确保疏散安全，需要确定疏散时人们的能见距离不得小于某一最小值。这个最小的允许能见距离称为疏散极限视距，一般用 D_{min} 表示。

对于不同用途的建筑，其内部的人员对建筑物的熟悉程度也不同。对于不熟悉建筑物的人，其疏散极限视距应规定较大值，即 $D_{min}=30m$；对于熟悉建筑物的人，其疏散极限视距应规定采用较小值，即 $D_{min}=5m$。因而，若要看清疏散通道上的门和反光型标志，则烟的允许极限浓度应为 C_{smax}：

对于熟悉建筑物的人：$C_{smax}=(0.2\sim0.4)m^{-1}$，平均为 $0.3m^{-1}$；

对于不熟悉建筑物的人：$C_{smax}=(0.07\sim0.13)m^{-1}$，平均为 $0.1m^{-1}$。

火灾房间的烟浓度根据实验取样检测，一般为 $C_s=(25\sim30)m^{-1}$。因此，当火灾房间有黑烟喷出时，这时室内烟浓度即为 $C_s=(25\sim30)m^{-1}$。由此可见，为了确保疏散安全，无论是熟悉建筑物的人，还是不熟悉建筑物的人，烟在走廊里的浓度只允许达到起火房间内烟浓度的 1/300（0.1/30）～1/100（0.3/30）的程度。

要点 19：火灾烟气的防控措施

火灾烟气对人体的危害巨大，预防火灾烟气的产生和防范烟气对人们的危害十分重要，所以应当采取必要措施做好火灾烟气的防控工作。

1. 减少火灾烟气的产生

由于烟气是火灾燃烧产物，因此，要尽量控制建筑物内的可燃物数量。建筑构件要采用不燃烧体或难燃烧体材料，室内装修材料应该选用 A 级或 B 级材料，尤其是卡拉 OK 歌厅、舞厅、电影放映厅、饭店、宾馆、商场、网吧等人员密集场所，不能使用海绵、塑料、纤维等高分子化合物进行室内装修。

办公场所、居民住宅的室内装修也要尽量减少木材的使用量，窗帘、家具应满足防火要求。

2. 采取有效的防、排烟措施

建筑物发生火灾后，有效的烟气控制可以为人员疏散提供安全环境；控制和减少烟气从火灾区域向周围相邻空间的蔓延；为火灾扑救人员提供安全保证；保护人员生命财产安全；帮助火灾后及时排除烟气。

控制烟气在建筑物内的蔓延主要有两条途径：一是合理划分防烟分区，二是选择合适的防、排烟设置方式。防烟分区的划分，即用某些耐火性能好的物体或材料把烟气阻挡在某些限定区域，不让它蔓延到可能对人和物产生危害的地方。这种方法适用于建筑物与起火区没有开口、漏洞或缝隙的区域。

防、排烟系统可分为防烟系统和排烟系统。防烟系统是指采用机械加压送风方式或自然通风方式,防止烟气进入疏散通道的系统。排烟系统是指采用自然通风或机械排烟方式,使烟气沿着对人和物没有危害的渠道排到建筑外,从而消除烟气的有害影响的系统。排烟有自然排烟和机械排烟两种形式。排烟窗、排烟井是建筑物中常见的自然排烟形式,它们主要适用于烟气具有足够大的浮力、可能克服其他阻碍烟气流动的阻力的区域。机械排烟的方式可克服自然排烟的局限,能够有效地排出烟气。在《建筑设计防火规范》(GB 50016—2014)等技术规范规定的地点,要设置机械排烟设施,保证火灾后将火灾烟气及时排除。

很多大规模建筑的内部结构是相当复杂的,其烟气控制往往是几种方法的有机结合。防、排烟形式的合理性不但关系到烟气控制的效果,而且具有很大的经济意义。

3. 逃生时避免火灾烟气侵害

由于烟气的相对密度比空气轻,起火后烟气向上蔓延迅速,地面烟雾浓度相对较低,毒气相对较少。所以,人们从火场逃生时应紧贴地面匍匐前行。当火灾后人们被困在室内时,逃生时应先用手摸摸房门,如果房门发烫,说明外面火势较大,穿过大火和烟雾逃生困难,此时,应关好房门,用棉絮、床单将门缝塞严,泼水降温,防止烟雾进入,另想办法逃生。如若必须穿过烟雾逃生时可采用毛巾防烟法。将毛巾折叠起来捂住口鼻可起到很好的防烟作用,使用毛巾捂住口鼻时,一定使过滤烟的面积尽量增大,确保将口鼻捂严,在穿过烟雾区时,即使感到呼吸阻力增大,也绝不能将毛巾从口鼻上拿开,一旦拿开就可能立即导致中毒。消防队员在灭火救援过程中也应该做好个人防护工作,佩戴空气呼吸器进入火灾现场开展灭火救人,防止烟气袭击。

要点 20:燃烧的概念

燃烧是一种同时伴有发光、发热的激烈的氧化反应。在化学反应中,失去电子的物质被氧化,而获得电子的物质被还原。所以,氧化不仅仅限于同氧化合。例如氢在氯中燃烧生成氯化氢,其中氯为-1价,而氢为$+1$价。氢失去一个电子,氯得到一个电子,氢被氧化氯被还原。同样,金属钠在氯气中燃烧、炽热的铁在氯气中燃烧等,它们虽然没有同氧化合,但所发生的反应却是一个激烈的氧化反应,并伴有光和热发生。

在铜与稀硝酸的反应中,反应结果生成硝酸铜,其中铜失掉两个电子被氧化,但在该反应中没有同时产生光和热,因此不能称它为燃烧。灯泡中的灯丝连通电源后虽然同时发光、发热,但它也不是燃烧,因为它不是一种激烈的氧化反应,而是由电能转变为光能的一种物理现象。

要点 21:燃烧反应的特征

燃烧反应通常具有如下三个特征:

1. 生成新的物质

物质在燃烧前后性质发生了根本变化,生成了与原来完全不同的新物质。化学反应是这个反应的本质。如木材燃烧后生成木炭、灰烬以及 CO_2 和水蒸气。

2. 放热

凡是燃烧反应都有热量生成。这是因为燃烧反应都是氧化还原反应。氧化还原反应在进行时总是有旧键的断裂和新键的生成,断键时要吸收能量,成键时又放出能量。在燃烧反应中,断键时吸收的能量要比成键时放出的能量少,所以燃烧反应都是放热反应。

3. 发光和(或)发烟

大部分燃烧现象都伴有光和烟的现象,但也有少数燃烧只发烟而无光产生。燃烧发光的主要原因是由于燃烧时火焰中有白炽的碳粒等固体粒子和某些不稳定的中间物质的生成所致。

要点 22：燃烧的方式及其特点

可燃物质受热后,由于其聚集状态的不同,而发生不同的变化。绝大多数可燃物质的燃烧都是在蒸气或者气体的状态下进行的,并出现火焰。而有的物质则不能变为气态,其燃烧发生在固相中,比如焦炭燃烧时,呈灼热状态。因为可燃物质的性质、状态不同,燃烧的特点也不一样。

1. 气体燃烧

可燃气体的燃烧不需像固体、液体那样经熔化以及蒸发过程,其所需热量仅用于氧化或分解,或将气体加热到燃点,所以容易燃烧且燃烧速度快。根据燃烧前可燃气体与氧混合状况不同,其燃烧方式分为扩散燃烧与预混燃烧。

(1)扩散燃烧:扩散燃烧就是可燃性气体和蒸气分子与气体氧化剂互相扩散,边混合边燃烧。在扩散燃烧中,化学反应速度要比气体混合扩散速度快得多。整个燃烧速度的快慢通过物理混合速度决定。气体(蒸气)扩散多少,就会烧掉多少。人们在生产、生活中的用火(如燃气做饭、点气照明、烧气焊等)都属于这种形式的燃烧。

扩散燃烧的特点:燃烧较为稳定,扩散火焰不运动,可燃气体与气体氧化剂的混合在可燃气体喷口进行。对稳定的扩散燃烧,只要控制得好,就不至于导致火灾,一旦发生火灾也较易扑救。

(2)预混燃烧:预混燃烧又称为爆炸式燃烧。它指的是可燃气体、蒸气或粉尘预先同空气(或氧)混合,遇引火源产生带有冲击力的燃烧。预混燃烧通常发生在封闭体系中或在混合气体向周围扩散的速度远小于燃烧速度的敞开体系中,燃烧放热导致产物体积迅速膨胀,压力升高,压力可达 $709.1 \sim 810.4 kPa$。一般的爆炸反应即属此种。

预混燃烧的特点:燃烧温度高,反应快,火焰传播速度快,反应的混合气体不扩散,在可燃混合气中引入一火源就会产生一个火焰中心,成为热量与化学活性粒子集中源。若预混气体从管口喷出发生动力燃烧,如果流速大于燃烧速度,则在管中形成稳定的燃烧火焰,由于燃烧充分,燃烧速度快,燃烧区呈高温白炽状;如果可燃混合气在管口流速小于燃烧速度,则会发生"回火",如制气系统检修前不进行置换就烧焊,燃气系统在开车前不进行吹扫就点火,用气系统产生负压"回火"或漏气未被发现而用火时,往往形成动力燃烧,有可能导致设备损坏和人员伤亡。

2. 液体燃烧

易燃、可燃液体在燃烧过程中，燃烧的并不是液体本身，而是液体受热时蒸发出来的液体蒸气被分解、氧化达到燃点而燃烧，即蒸发燃烧。所以，液体是否能发生燃烧、燃烧速率高低，与液体的蒸气压、闪点、沸点以及蒸发速率等性质密切相关。可燃液体会产生闪燃的现象。

可燃液态烃类燃烧时，一般产生橘色火焰并散发浓密的黑色烟云。醇类燃烧时，一般产生透明的蓝色火焰，几乎不产生烟雾。某些醚类燃烧时，液体表面常会伴有明显的沸腾状，这类物质的火灾较难扑灭。在含有水分、黏度较大的重质石油产品，如原油、重油以及沥青油等发生燃烧时，有可能产生沸溢现象及喷溅现象。

（1）闪燃：发生闪燃的原因是易燃或者可燃液体在闪燃温度下蒸发的速度比较慢，蒸发出来的蒸气仅能维持一刹那的燃烧，来不及补充新的蒸气维持稳定的燃烧，所以一闪就灭了。但闪燃却是引起火灾事故的先兆之一。闪点则指的是易燃或可燃液体表面产生闪燃的最低温度。

（2）沸溢：以原油为例，其黏度比较大，并且都含有一定的水分，以乳化水与水垫两种形式存在。所谓乳化水是原油在开采运输过程中，原油中的水因为强力搅拌成细小的水珠悬浮于油中而成的。放置久之后，油水分离，水由于密度大而沉降在底部形成水垫。

燃烧过程中，这些沸程较宽的重质油品产生热波，在热波向液体深层运动时，因为温度远高于水的沸点，所以热波会使油品中的乳化水汽化，大量的蒸汽就要穿过油层向液面上浮，在向上移动过程中形成油包气的气泡，也就是油的一部分形成了含有大量蒸汽气泡的泡沫。这样，必然导致液体体积膨胀，向外溢出，同时部分未形成泡沫的油品也被下面的蒸汽膨胀力抛出，使液面猛烈沸腾起来，就像"跑锅"一样，这种现象叫做沸溢。

从沸溢过程说明，沸溢形成必须具备下列 3 个条件：

1）原油具有形成热波的特性，即沸程宽，密度相差比较大。

2）原油中含有乳化水，水遇热波则变成蒸汽。

3）原油黏度较大，使水蒸气不容易由下向上穿过油层。

（3）喷溅：在重质油品燃烧进行过程中，随着热波温度的逐渐升高，热波向下传播的距离也加大，当热波达到水垫时，水垫的水大量蒸发，蒸汽体积迅速膨胀，以至将水垫上面的液体层抛向空中，向外喷射，这种现象叫做喷溅。

通常情况下，发生沸溢要比发生喷溅的时间早得多。发生沸溢的时间与原油的种类、水分含量有关。根据实验，含有 1% 水分的石油，经 45～60min 燃烧即会发生沸溢。喷溅发生的时间同油层厚度、热波移动速度及油的线燃烧速度有关。

3. 固体燃烧

按照各类可燃固体的燃烧方式与燃烧特性，固体燃烧的形式大致可分为 5 种，其燃烧也各有特点。

（1）蒸发燃烧：硫、磷、钾、钠、松香、蜡烛、沥青等可燃固体，在受到火源加热时，先熔融蒸发，随后蒸气与氧气发生燃烧反应，这种形式的燃烧一般叫做蒸发燃烧。樟脑、萘等易升华物质，在燃烧时不经过熔融过程，但其燃烧现象也可以看作一种蒸发燃烧。

（2）表面燃烧：可燃固体（如焦炭、木炭、铁、铜等）的燃烧反应是在其表面由氧和物质直接作用而发生的，称为表面燃烧。这是一种无火焰的燃烧，有时又叫做异相燃烧。

（3）分解燃烧：可燃固体，如木材、煤、合成塑料以及钙塑材料等，在受到火源加热时，先发生热分解，随后分解出的可燃挥发分与氧发生燃烧反应，这种形式的燃烧通常称为分解燃烧。

（4）熏烟燃烧（阴燃）：可燃固体在空气不流通、加热温度比较低、分解出的可燃挥发分较少或者逸散较快、含水分较多等条件下，往往发生只冒烟而没有火焰的燃烧现象，这就是熏烟燃烧，也称阴燃。

（5）动力燃烧（爆炸）：动力燃烧指的是可燃固体或其分解析出的可燃挥发分遇火源所发生的爆炸式燃烧，主要包括可燃粉尘爆炸、炸药爆炸以及轰燃等几种情形。例如，能析出一氧化碳的赛璐珞、能析出氰化氢的聚氨酯等，在大量堆积燃烧时，常会产生轰燃现象。

这里需要指出的是，以上各种燃烧形式的划分不是绝对的，有些可燃固体的燃烧往往包含两种或两种以上的形式。例如，在适当的外界条件下，木材、棉、麻以及纸张等的燃烧会明显地存在分解燃烧、熏烟燃烧以及表面燃烧等形式。

要点 23：燃烧的必要条件

物质燃烧过程的发生和发展，必须具备以下三个必要条件，即：可燃物、氧化剂和温度（引火源）。只有这三个条件同时具备，才可能发生燃烧现象，无论哪一个条件不满足，燃烧都不能发生。但是，并不是上述三个条件同时存在，就一定会发生燃烧现象，这三个因素还必须相互作用才能发生燃烧。

用燃烧三角形（图1-6）来表示无焰燃烧的基本条件是非常确切的，但是进一步研究表明，对有焰燃烧，由于过程中存在未受抑制的游离基（自由基）作中间体，因而燃烧三角形需要增加一个坐标，形成四面体（图1-7）。自由基是一种高度活泼的化学基团，能与其他的自由基和分子起反应，从而使燃烧按链式反应扩展，所以有焰燃烧的发生需要四个必要条件，即：可燃物、氧化剂、温度（引火源）和未受抑制的链式反应。

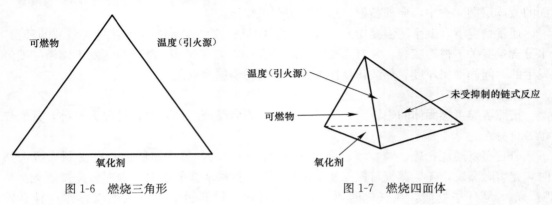

图 1-6　燃烧三角形　　　　　　　　　图 1-7　燃烧四面体

1. 可燃物

凡是能与空气中的氧或其他氧化剂发生燃烧化学反应的物质称为可燃物。可燃物按其物理状态分为气体可燃物、液体可燃物和固体可燃物三种类别。可燃烧物质大多是含碳和氢的化合物，某些金属如钙、镁、铝等在某些条件下也可以燃烧，还有许多物质如肼、臭氧等在高温下可以通过自己的分解而放出光和热。

2. 氧化剂

支持和帮助可燃物燃烧的物质，即能与可燃物发生氧化反应的物质称为氧化剂。燃烧过程中的氧化剂主要是空气中游离的氧，另外如氟、氯等也可以作为燃烧反应的氧化剂。

3. 温度（引火源）

凡是能够引起物质燃烧的点燃能源，统称为引火源。在一定情况下，各种不同可燃物发生燃烧，都有本身固定的最小点火能量要求，只有达到一定能量才能引起燃烧。常见的引火源有以下几种：

（1）明火：明火是指生产、生活中的炉火、焊接火、烛火、吸烟火，撞击、摩擦打火，机动车辆排气管火星及飞火等。

（2）电弧、电火花：电弧、电火花指的是电气设备、电气线路、电气开关及漏电打火，电话、手机等通信工具火花，静电火花（物体静电放电、人体衣物静电打火以及人体积聚静电对物体放电打火）等。

（3）雷击：雷击瞬间高压放电能够引燃任何可燃物。

（4）高温：高温指的是高温加热、烘烤、积热不散、机械设备故障发热、摩擦发热、聚焦发热等。

（5）自燃引火源：自燃引火源指的是在既无明火又无外来热源的情况下，物质本身自行发热、燃烧起火，如钾、钠等金属遇水着火；白磷、烷基铝在空气中会自行起火；易燃、可燃物质与氧化剂及过氧化物接触起火等。

4. 链式反应

有焰燃烧都存在链式反应。当某种可燃物受热，它不仅会汽化，而且该可燃物的分子还会发生热裂解作用从而产生自由基。自由基是一种高度活泼的化学形态，能与其他的自由基和分子反应，而使燃烧持续进行下去，这就是燃烧的链式反应。

要点 24：燃烧的充分条件

燃烧的充分条件有以下四方面：

（1）一定的可燃物浓度。

（2）一定的氧气含量。

（3）一定的点火能量。

（4）未受抑制的链式反应。

汽油的最小点火能量为 0.2 毫焦，乙醚为 0.19 毫焦，甲醇为 0.215 毫焦。对于无焰燃烧，前三个条件同时存在，相互作用，燃烧就能发生。而对于有焰燃烧，除以上三个条件，燃烧过程中存在未受抑制的游离基（自由基），形成链式反应，使燃烧能够持续下去，亦是燃烧的充分条件之一。

要点 25：燃烧中的常用术语

1. 闪燃

在液体（固体）表面上能产生足够的可燃蒸气，遇火能产生一闪即灭的火焰的燃烧现象称为闪燃。

2. 阴燃

没有火焰的缓慢燃烧现象称为阴燃。

3. 爆燃

以亚音速传播的爆炸现象称为爆燃。

4. 自燃

可燃物质在没有外部明火等火源的作用下，由于受热或自身发热并蓄热所产生的自行燃烧现象称为自燃。亦即物质在无外界引火源条件下，由于其本身内部所进行的生物、物理、化学过程而产生热量，使温度上升，最后自行燃烧起来的现象。

5. 闪点

在规定的试验条件下，液体（固体）表面能产生闪燃的最低温度称为闪点。同系物中异构体比正构体的闪点低；同系物的闪点随其沸点升高而升高，随其分子量的增加而升高。各组分混合液，如汽油、煤油等，其闪点随沸点的增加而升高；低闪点液体和高闪点液体形成的混合液，其闪点低于这两种液体闪点的平均值。木材的闪点为 260℃ 左右。

闪点的意义：

（1）闪点是生产厂房的火灾危险性分类的重要依据。

（2）闪点是储存物品仓库的火灾危险性分类的依据。

（3）闪点是甲、乙、丙类危险液体分类的依据。

（4）以甲、乙、丙类液体分类为依据规定了厂房和库房的耐火等级、占地面积、层数、安全疏散、防火间距、防爆设置等。

（5）以甲、乙、丙类液体的分类为依据规定了液体储罐、堆场的布置、防火间距，可燃和助燃气体储罐的防火间距，液化石油气储罐的布置、防火间距等。

6. 燃点

在规定的试验条件下，液体或固体能发生持续燃烧的最低温度称为燃点。所有液体的燃点都高于闪点。

7. 自燃点

在规定的试验条件下，可燃物质产生自燃的最低温度是该物质的自燃点。

可燃物质发生自燃的主要方式有：

（1）氧化发热。

（2）分解放热。

（3）聚合放热。

（4）发酵放热。

（5）吸附放热。

（6）活性物质遇水。

（7）可燃物与强氧化剂的混合。

影响固体可燃物自燃点的主要因素有：

（1）受热熔融：熔融后可视液体、气体的情况。

（2）固体的颗粒度：固体颗粒越细，其比表面积就越大，自燃点越低。

（3）挥发物的数量：挥发出的可燃物越多，其自燃点越低。

（4）受热时间：可燃固体长时间受热，其自燃点会有所降低。

影响液体、气体可燃物自燃点的主要因素有：

（1）氧浓度：混合气体中氧浓度越高，自燃点越低。

（2）压力：压力越高，自燃点越低。

（3）催化：活性催化剂能降低自燃点，钝性催化剂能提高自燃点。

（4）容器的材质和内径：器壁的不同材质有不同的催化作用；容器直径越小，自燃点越高。

8. 氧指数

是指在规定条件下，固体材料在氧、氮混合气流中，维持平稳燃烧所需的最低氧含量。氧指数高表示材料不易燃烧，氧指数低表示材料容易燃烧。一般认为，氧指数＜22时，属易燃材料；氧指数在22～27之间，属可燃材料；氧指数＞27时，属难燃材料。

9. 可燃液体的燃烧特点

可燃液体的燃烧实际上是可燃蒸气的燃烧，所以，液体是否能发生燃烧，燃烧速率的高低与液体的蒸气压、沸点、闪点和蒸发速率等性质有关。在不同类型油类的敞口贮罐的火灾中容易出现三种特殊现象：沸溢、喷溅和冒泡。

10. 突沸现象

液体在燃烧过程中，由于不断向液层内传热，会使含有水分、黏度大、沸点在100℃以上的重油、原油产生沸溢和喷溅现象，导致大面积火灾，这种现象称为突沸现象。能产生突沸现象的油品称为沸溢性油品。

液体火灾危险分类及分级是依照其闪点来划分的，分为甲类（一级易燃液体）：液体闪点低于28℃；乙类（二级易燃液体）：闪点在28～60℃之间；丙类（可燃液体）：液体闪点不低于60℃三种。

固体可燃物必须经过受热、蒸发、热分解，固体上方可燃气体浓度达到燃烧极限，方可持续不断地发生燃烧。燃烧方式分为：蒸发燃烧、分解燃烧、表面燃烧和阴燃四种。一些固体可燃物在空气不流通、加热温度较低或含水分较高时会发生阴燃，如成捆堆放的麻、棉、纸张及大堆垛的煤、草、湿木材等。

要点 26：燃烧产物的概念及分类

燃烧产物是指由燃烧或热解作用而产生的全部的物质。也就是说可燃物燃烧时，生成的气体、固体和蒸气等物质均为燃烧产物。比如，灰烬、炭粒（烟）等。

燃烧产物按其燃烧的完全程度分完全燃烧产物和不完全燃烧产物两大类。

1. 完全燃烧产物

如果在燃烧过程中生成的产物不能再燃烧了，那么这种燃烧叫做完全燃烧，其产物称为完全燃烧产物。完全燃烧产物在燃烧区中具有冲淡氧含量抑制燃烧的作用。如燃烧产生的 CO_2、SO_2、H_2O、P_2O_5 等都为完全燃烧产物。

2. 不完全燃烧产物

如果在燃烧过程中生成的产物还能继续燃烧，那么这种燃烧叫做不完全燃烧，其产物即为不完全燃烧产物。如木材在空气不足时燃烧，除生成 CO_2、H_2O 和灰分外，还生成 CO、甲醇、丙酮、乙醛、醋酸以及其他干馏产物，这些产物都能继续燃烧。不完全燃烧产物因具有燃烧性，所以对气体、蒸气、粉尘的不完全燃烧产物当与空气混合后再遇着火源时，有发生爆炸的危险。

要点 27：几种重要的燃烧产物

1. 二氧化碳（CO_2）

为完全燃烧产物，是一种无色不燃的气体，溶于水，有弱酸性，比空气重 1.52 倍。二氧化碳在常温和 60 个大气压下即成液体，当减去压力，这种液态的二氧化碳会很快气化，大量吸热，温度会很快降低，最多可达到 $-79℃$，一部分会凝结成雪状的固体，故俗称干冰。二氧化碳在消防安全上常用作灭火剂。由于钾、钠、钙、镁等金属物质燃烧时产生的高温能够把二氧化碳分解为 C 和 O_2。所以，不能用二氧化碳扑救金属物质的火灾。

CO_2 在空气中的含量为 1％～2％时即能引起人的不快感，3％时刺激呼吸中枢，使呼吸增加，血压升高；达到 5％可使人喘不过气，30min 内使人中毒；达到 7％～10％数分钟内就会使人失去知觉，以致死亡。

2. 一氧化碳（CO）

为不完全燃烧产物。是一种无色、无味而有强烈毒性的可燃气体，难溶于水，与空气的比重为 0.97。一氧化碳的毒性较大，它能从血液的氧血红素里取代氧而与血红素结合形成一氧化碳血红素，从而使人感到严重缺氧。其在空气中的含量 0.1％超过 1 小时可使人头痛，作呕、不舒服；含量 0.5％经过 2～3min 就威胁生命；达 1.0％时，人呼吸数次便失去知觉，2～3min 内使人死亡。

在火场烟雾弥漫的房间中，一氧化碳含量比较高时，必须注意防止一氧化碳中毒和一氧化碳与空气形成爆炸性混合物。

3. 二氧化硫（SO_2）

二氧化硫是硫燃烧后生成的产物。无色有刺激臭味。二氧化硫比空气重 2.26 倍，易溶于水，在 20℃时 1 体积的水能溶解约 40 体积的二氧化硫。二氧化硫有毒，是大气污染中危害较大的一种气体，它严重伤害植物，刺激人的呼吸道，腐蚀金属等。其在大气中的含量达 0.05％时，会在短时间内威胁人的生命。

4. 氯化氢（HCl）

氯化氢是含氯可燃物的燃烧产物。它是一种刺激性气体，吸收空气中的水分后成为酸雾，具有较强的腐蚀性，在较高浓度的场合，会强烈刺激人们的眼睛，引起呼吸道发炎和肺水肿。

5. 氮的氧化物

燃烧产物中氮的氧化物主要是一氧化氮（NO）和二氧化氮（NO_2）。硝酸和硝酸盐分解、含硝酸盐及亚硝酸盐炸药的爆炸过程、硝酸纤维素及其他含氮有机化合物在燃烧时都会产生 NO 或 NO_2。NO 为无色气体；NO_2 为棕红色气体。都具有一种难闻的气味，而且有毒。其含量达到 0.025％即可在短时间内致人死亡。

6. 五氧化二磷（P_2O_5）

五氧化二磷是可燃物磷的燃烧产物，常温常压下为白色固体粉末，能溶于水，生成偏磷酸（HPO_3）或正磷酸（H_3PO_4）。P_2O_5 的熔点为 563℃，升华点 347℃。所以燃烧时生成的 P_2O_5 为气态，而后凝固。纯 P_2O_5 无特殊气味，因磷燃烧时常常会有 P_2O_3（或 P_4O_6），P_2O_3 具有蒜味，因而磷燃烧时会闻到蒜味。P_2O_5 有毒，会刺激呼吸器官，引起咳嗽和呕吐。

要点 28：燃烧产物的特性

燃烧产物最直接的是烟气。在火灾造成的人员伤亡中，被烟雾熏死的所占比例很大，一般它是被火烧死者的 4～5 倍，着火层以上死的人，绝大多数是被烟熏死的，可以说火灾时对人的最大威胁是烟。所以我们认识燃烧产物的危害性非常重要。

1. 致灾危险性

灼热的燃烧产物，由于对流和热辐射作用，都可能引起其他可燃物质的燃烧成为新的起火点，并造成火势扩散蔓延。有些不完全燃烧产物还能与空气形成爆炸性混合物，遇火源而发生爆炸，更易造成火势蔓延。据测试，烟的蔓延速度超过火的 5 倍。起火之后，失火房间内的烟不断进入走廊，在走廊内通常以每秒 0.3～0.8m 的速度向外扩散，如果遇到楼梯间敞开的门（甚至门缝），则以每秒 2～3m 的速度在楼梯间向上窜，直奔最上一层，而且楼越高，窜得越快。炽热的浓烟不但使一般喷水装置难于对付，而且在很远的距离对人体就有强大威胁。

2. 刺激性、减光性、恐怖性

（1）刺激性：烟气中有些气体对人的眼睛有极大的刺激性，使人的眼睛难以睁开，造成人们在疏散过程中行进速度大大降低。所以火灾烟气的刺激性是毒害性的帮凶，增大了人员中毒或被烧死的可能性。

（2）减光性：由于燃烧产物的烟气中，烟粒子对可见光是不透明的，故对可见光有完全的遮蔽作用，使人眼的能见度下降，在火灾中，当烟气弥漫时，可见光会因受到烟粒子的遮蔽作用而大大减弱；尤其是在空气不足时，烟的浓度更大，能见度会降得更低。如果是楼房起火，走廊内大量的烟会使人们不易辨别火势的方向，不易寻找起火地点，看不见疏散方向，找不到楼梯和门，造成安全疏散的障碍，给扑救和疏散工作带来困难。

（3）恐怖性：在着火后大约 15min，烟的浓度最大，人们的能见距离一般只有 30cm。特别是发生轰燃时，火焰和烟气冲出门窗洞口，浓烟滚滚，烈焰熊熊，还会使人们产生恐怖感，常给疏散过程造成混乱局面，甚至使有的人失去活动能力，失去理智。

3. 毒害性

燃烧产生的大量烟和气体，会使空气中氧气含量急速降低，加上 CO、HCl、HCN 等有毒气体的作用，使在场人员有窒息和中毒的危险，神经系统受到麻痹而出现无意识的失去理智的动作。烟气中的含氧量往往低于人们生理正常所需的数值。在着火的房间内当气体中的含氧量低于 6％时，短时间内即会造成人的窒息死亡；即使含氧量在 6％～10％之间，人在其中虽然不会短时窒息死亡，但也会因此失去活动能力和智力下降而不能逃离火场，最终丧身火海。烟气中含有多种有毒气体，达到一定浓度时，会造成人的中毒死亡。近年来，高分子合成材料在建筑、装修及家具制造中的广泛应用，火灾所生成的烟气的毒性更加严重。

燃烧产物中的烟气，包括水蒸气，温度较高，载有大量的热，烟气温度会高达数百甚至上千摄氏度，而人在这种高温湿热环境中是极易被烫伤的。实验得知，在着火的房间内，人对高温烟气的忍耐性是有限的，烟气温度越高，忍耐时间越短；在 65℃时，可短时忍受；120℃时，15min 就可产生不可恢复的损伤；140℃时，忍耐时间约 5min；170℃时，忍耐时间约 1min；在几百度的烟气高温中人是 1min 也无法忍受的。

燃烧产物也有其有利的一面。火灾时可根据烟的颜色和气味来判断什么物质在燃烧，根据烟雾的方位、规模、颜色和气味，大致断定着火的方位、火灾的规模等。物质的组成不同，燃烧时产生的烟的成分也不同，成分不同烟的颜色和气味也不同。根据这一特点，我们在扑救火灾的过程中，可根据烟的颜色和气味来判断什么物质在燃烧。另外完全燃烧的产物在一定程度上有阻止燃烧的作用。如果将房间所有孔洞封闭，随着燃烧的进行，产物的浓度会越来越高，空气中的氧会越来越少，燃烧强度便会随之降低，当产物的浓度达到一定程度时，燃烧会自动熄灭。

要点 29：火焰的概念

火焰是指发光的气相燃烧区域。火焰的存在是燃烧过程中最明显的标志。凡是气体燃烧、液体燃烧都有火焰存在。固体燃烧如果有挥发性的热解产物产生也有火焰产生。由于焦炭、木炭等无热解产物的固体燃烧时没有气相存在，所以没有火焰，只有发光现象的灼热燃烧，也称为无焰燃烧。

要点 30：火焰的特征

发光是火焰一个重要的特征。但组成不同的物质燃烧所形成的火焰，其光的明亮程度和颜色则不同。

根据这一特征把火焰分为显光火焰和不显光火焰两种。显光火焰是指那些光亮的火焰，在通常情况下很易被人看清。不显光火焰是指那些不明亮的，通常不易被人看清，尤其是强光下人眼不易看到的火焰。

如果将可燃物的组成与它的火焰特征比较，可以发现含氧量达 50％以上的可燃物，燃烧时成不显光的火焰；含氧量在 50％以下的物质燃烧时，生成显光的火焰；含碳量在 60％以上的可燃物燃烧时则生成显光而又带有大量熏烟的火焰。

有机可燃物在空气中燃烧时，火焰的亮度或颜色主要取决于物质中氧和碳的含量。因为碳粒是导致火焰发光的首要因素，如果物质中含氧量愈多，燃烧愈完全，在火焰中生成的碳粒就愈少，因而火焰的光亮度就减弱或不显光（呈浅蓝色）。如果物质中含氧量不多，而含碳量多，由于燃烧不完全，在火焰中能产生较多的碳粒，便使火焰亮度增加。当含碳量增加到一定程度时，火焰中的碳粒特别多，以致使大到的碳粒聚结成炭黑，这种火焰称为熏烟火焰。

火焰显不显光不仅与物质的组成有关，而且还与燃烧条件有关。如果把纯氧引入火焰内部，则原来显光的火焰就会变成不显光的火焰，而有熏烟的火焰，就会变成无熏烟的火焰。

要点 31：火焰与消防的关系

在火场上，救援人员可以根据火焰特征判定火灾的相关信息，采取相应救援措施。一般说来，火焰温度与火焰颜色、亮度等有关。火焰温度越高，火焰越明亮，辐射强度越高，对周围人员和可燃物的威胁就越大。

（1）可以根据火焰认定起火部位和范围。

（2）根据火焰颜色可大致判定出是什么物质在燃烧。

（3）可根据火焰颜色大致判断火场的温度。一般来说火焰暗红色说明火场温度小于400℃；深红色说明达到700℃；鲜明樱红色，已达1000℃；白色表明1300℃；若发出耀眼的白光，则说明温度已超过1500℃。

（4）根据火焰大小与流动方向，可估计其燃烧速度和火势蔓延方向，以便及时确定灭火救灾的最佳方案（含主攻方向、灭火力量与灭火剂等），迅速扑灭火灾。

（5）掌握不显光火焰的特点，防止火焰扩大火势和灼伤人员。由于有些物质，如甲酸、甲醇、二硫化碳、甘油、硫、磷等燃烧的火焰颜色呈蓝（黄）色，白天不易看见，所以，在扑救这类物质的火灾时，一定要注意流散的液体是否着火，以防止火势扩大和发生烧伤事故。

（6）在火灾情况下，火焰发展、蔓延的趋势除与可燃物本身的性质有关外，还要受到气象、堆垛状况和地势的影响。对于室外火灾，火焰蔓延受风速的影响很大。风速大，蔓延速度快。在同风速情况下，火焰蔓延的规律是：顺风＞侧风＞逆风；对于液体火灾，火焰的蔓延速度不仅受风的影响，而且还受地势的影响，因液体能从高地势的位置流向低洼处，所以火焰也随之蔓延。

要点 32：燃烧温度的概念

燃烧温度实质上就是火焰温度。可燃物质燃烧时所放出的热量，一部分被火焰辐射时散失，而大部分则消耗在加热燃烧产物上，因为燃烧物质燃烧所产生的热量是在火焰燃烧区域内析出的，所以火焰温度也就是燃烧温度。

燃烧的理论温度指可燃物质在空气中于恒压下完全燃烧，且没有热损失（燃烧产生的热全部用来加热产物）的条件下，产物所能达到的最高温度。

物质燃烧时的实际温度（包括火场条件下燃烧温度），往往低于理论燃烧温度。因为一般地说，物质燃烧都进行得并不完全，而且燃烧时放出的热量也有一部分散失到周围环境。

要点 33：影响燃烧温度的主要因素

物质燃烧温度视燃烧条件而变化，其大致情况是：

（1）可燃物质的组成和性质不同，燃烧温度也不同。

（2）参与反应的氧化剂的配比不同，燃烧温度也不同。

（3）燃烧持续时间不同，燃烧温度也有不同。随着火灾延续时间的增长，燃烧温度也随之增高。

建筑物发生火灾后，其温度通常是随着火灾延续时间的增长而增高的。

其温度随时间的变化见表 1-10。

火灾温度随时间的变化 表 1-10

起火后持续时间	火焰温度（℃）	起火后持续时间	火焰温度（℃）
10min	700	1.5h	975
20min	800	3h	1050
30min	840	4h	1090
1h	925		

火灾延续时间愈长，被辐射的物体接受的热辐射愈多，故邻近建筑物被烤燃蔓延的可能性也愈大（但是，当房屋倒塌或可燃物全部烧完，温度就不再上升了）。因此，火灾发生后，及早发现，及时报警，将火灾扑灭在初期阶段是十分重要的。

火场上，火灾的发展时间和燃烧的持续时间与窗洞面积与房间面积的比值大小有关，若减小窗洞与房间面积的比值，将会增加火灾的发展时间和持续时间。在房间体积相同的条件下，窗洞面积越大时，由于空气流入量较多，所以火灾发展的速度越快，而持续时间则越短。

要点 34：燃烧温度与消防的关系

（1）根据某些物质的熔化状况或特征，可大致判定燃烧温度。如玻璃的特征见表 1-11。

玻璃在不同温度下的特征 表 1-11

500℃	普通玻璃被烤碎
700～800℃	玻璃软化
900～950℃	玻璃熔化

又如钢材，若有蓝灰色或黑色薄膜，有微小裂缝，有时呈龟裂现象，是钢材经高温作用过热的主要特征；若钢材只有火烧过的颜色痕迹，表面有时有深红色的渣滓存在，说明钢材虽然被火烧过但没有过热；钢材在 300～400℃时强度急骤下降；600℃时失去承载能力。

（2）根据燃烧温度，可大体确定物质火灾危险性的大小和火势扩展蔓延的速度。一般地说，物质的热值越高，燃烧温度越高，火灾危险性也就越大。在火场上，物质燃烧时所放出的热量，是火势扩展蔓延和造成破坏的基本条件。物质燃烧时放出的热量越大，火焰温度越高，它的辐射热就越强，气体对流的速度就越快。这不仅会使已经着火的物质迅速燃尽，还会引起周围的建筑物和物质受热着火，促使火势迅速蔓延扩展。在火场上，阻止热传播是阻止火势蔓延扩大和扑灭火灾的重要措施之一。

要点 35：燃烧速度

燃烧速度是在单位面积上和单位时间内烧掉的可燃物质的数量。

1. 气体燃烧速度

气体的燃烧速度随物质的组成不同而异。简单气体燃烧只需受热氧化等过程，如氢气；而复杂的气体则要经过受热、分解、氧化等过程才能开始燃烧，如天然气、乙炔等。简单的气体比复杂的气体燃烧速度快。

在气体燃烧中，扩散燃烧速度取决于气体的扩散速度，而混合燃烧速度则取决于本身的化学反应速度。通常混合燃烧速度高于扩散燃烧速度，故气体的燃烧性能，常以火焰传播速度来衡量。

火焰传播速度在不同管径的管道中测试时其值不同，一般随着管径增加而增加，当达到某个直径时，速度就不再增加；同样，火焰传播速度随着管径的减小而减小，并在达到某个小的管径时，火焰就不再传播。管中火焰不再传播时的管径称为极限管径。燃烧出口的直径若小于极限管径，火焰就不会向管内传播。

2. 液体燃烧速度

液体燃烧速度取决于液体的蒸发，即先蒸发后燃烧，燃烧速度与液体初温、贮罐直径、罐内液面高低、液体中水分含量等多种因素有关。初温越高，燃烧越快；罐中液位低时比液位高时燃烧要快；不含水的比含水的燃烧要快。液体着火后，火焰沿液体表面蔓延，其速度可达 $0.5\sim2m/s$。

为了使液体燃烧继续下去，必须向液体输入大量热，使表层蒸发，火焰靠辐射加热液体，故火焰沿液面蔓延速度除决定于液体初温、热容、蒸发潜热外，还决定于火焰的辐射能力。如苯在初温为 16℃时燃烧速度为 $165.37K/(m^2 \cdot h)$。此外，风速对火焰蔓延速度也有很大影响。

3. 固体燃烧速度

固体物质的燃烧速度，一般要小于可燃气体和液体。且不同固体的燃烧速度也有很大的差异。如萘及其衍生物、三硫化磷、松香等，在常温下是固体、燃烧过程是受热熔化、蒸发、汽化、分解氧化、起火燃烧，一般速度较慢。而硝基化合物、硝化纤维制品，本身含有不稳定的基团，燃烧是分解式的，较剧烈，速度很快。

第二节 消防工程概述

要点 36：消防与消防工程概念

"消防"之意，从最浅显的意义来讲包括下列三项内容：

（1）防止火灾发生。

（2）及时发现初起火灾，避免酿成重大火灾。

（3）一旦火灾形成，采取适宜的措施，将其消灭。

为了防止发生火灾，建筑物内尽量减少使用可燃材料，或把可燃材料，表面涂刷防火涂料；为了及时发现初起火灾，建筑物内需安装火灾报警装置；为了控制已发火灾范围，不使火灾面积扩大，建筑物内通常设置防火分区和防火分隔物，如防火墙、防火窗、防火门、防火阀等；为了消灭已发火灾，建筑物内可依照需要安装不同的灭火系统，上述这些为了防止火灾发生和控制、消灭已发火灾而建造和安装的工程设施、设备统称为"消防工程"。

要点 37：消防设施和消防系统

1. 防火分区和防火分隔物

（1）防火分区：所谓防火分区是指采用具有一定耐火性能的分隔构件划分的，能在一定时间内防止火灾向建筑物的其他部分蔓延的局部区域。一旦发生火灾，在一定时间内，分区可将火势控制在局部范围内，为组织人员疏散和灭火赢得时间。

（2）防火分隔物：防火分隔物是指防火分区的边缘构件，一般有防火墙、耐火楼板、甲级防火门、防火卷帘、防火水幕带、上下楼层之间的窗间墙、封闭和防烟楼梯间等。其中，防火墙、甲级防火门、防火卷帘和防火水幕带属于水平方向划分防火分区的分隔物，而耐火楼板、上下楼层之间的窗间墙、封闭和防烟楼梯间属于垂直方向划分防火分区的防火分隔物。

2. 消防电梯

消防电梯是为了给消防员扑救高层建筑火灾创造条件，使其在火灾发生时迅速到达高层起火部位，去扑救火灾和救援遇难人员而设置的特有的消防设施。

3. 火灾报警系统

火灾自动报警系统是探测初期火灾并发出警报的系统。按照不同的监控范围，分为以下三种基本形式：

（1）集中报警系统。

（2）区域报警系统。

（3）控制中心报警系统。

4. 灭火系统

灭火系统有消火栓灭火系统、自动喷水灭火系统、泡沫灭火系统、气体灭火系统等，各个系统中又分为不同的形式。

要点 38：消防工程常用名词解释

（1）多线制：系统间信号按各回路进行传输的布线制式。

（2）总线制：系统间信号采用无极性两根线进行传输的布线制式。

（3）单输出：可输出单个信号。

（4）多输出：具有两个以上不同输出信号。

（5）××××点：指报警控制器所带报警器件或模块的数量，亦指联动控制器所带联动设备的控制状态或控制模块的数量。

（6）×路：信号回路数。

（7）点型感烟探测器：对警戒范围内某一点周围的烟密度升高响应的火灾探测器。

（8）点型感温探测器：对警戒范围内某一点周围的温度升高响应的火灾探测器。

（9）红外光束探测器：将火灾的烟雾特征物理量对光束的影响转换成输出电信号的变化并立即发出报警信号的器件。由光束发生器和接收器两个独立部分组成。

（10）火焰探测器：将火灾的辐射光特征物理量转换成电信号并立刻发出报警信号的器件。

（11）可燃气体探测器：对监视范围内泄漏的可燃气体达到一定浓度时发生报警信号的器件。

（12）线型探测器：温度达到预定值时，利用两根载流导线间的热敏绝缘物熔化使两根导线接触而动作的火灾探测器。

（13）按钮：用手动方式发出火灾报警信号并且可确认火灾的发生及启动灭火装置的器件。

（14）控制模块（接口）：在总线制消防联动系统中，用于现场消防设备与联动控制器间传递动作信号和动作命令的器件。

（15）报警接口：在总线制消防联动系统中，配接于探测器和报警控制器间，向报警控制器传递火警信号的器件。

（16）报警控制器：能为火灾探测器供电、显示、接受和传递火灾报警信号的报警装置。

（17）联动控制器：能接收由报警控制器传递的报警信号，并对自动消防等装置发出控制信号的装置。

（18）报警联动一体机：能为火灾探测器供电、接收、显示和传递火灾报警信号，又能对自动消防等装置发出控制信号的装置。

（19）重复显示器：在多区域多楼层报警控制系统中，用于某区域某楼层接收探测器发出的火灾报警信号，显示报警探测器位置，发出声光警报信号的控制器。

（20）声光报警装置：亦称为火警声光讯响器或火警声光报警装置，是一种以音响方式和闪光方式发出火灾报警信号的装置。

（21）警铃：以音响方式发出火灾报警信号的装置。

（22）远程控制器：可接收传送控制器发出的信号，对消防执行设备实行远距离控制的装置。

（23）功率放大器：用于消防广播系统中的广播放大器。

（24）消防广播控制柜：在火灾报警系统中集插放音源、功率放大器、输入混合分配器等于一体，可实现对现场扬声器控制，发出火灾报警语音信号的装置。

（25）广播分配器：消防广播系统中对现场扬声器进行分区域控制的装置。

（26）电动防火门：在一定时间内，连同框架能满足耐火稳定性和耐火完整性要求的电动启闭的门。

（27）防火卷帘门：在一定时间内，连同框架能满足耐火稳定性、耐火完整性以及隔热性要求的卷帘。

要点 39：消防工程施工图常用图例符号

《建筑给水排水制图标准》（GB/T 50106—2010）中，对消防设施图例符号做出了规定，详见表 1-12。但目前工程实践中，习惯图例符号还在广泛应用。消防工程施工图习惯图例符号见表 1-13。

消防工程施工图图例　　　　　　　　　　　　　　　表 1-12

序号	名称	图例	备注
1	消火栓给水管	——— XH ———	—
2	自动喷水灭火给水管	——— ZP ———	—
3	雨淋灭火给水管	——— YL ———	—
4	水幕灭火给水管	——— SM ———	—
5	水炮灭火给水管	——— SP ———	—
6	室外消火栓		—
7	室内消火栓（单口） 平面　系统		白色为开启面
8	室内消火栓（双口） 平面　系统		—
9	水泵接合器		—
10	自动喷洒头（开式） 平面　系统		—
11	自动喷洒头（闭式） 平面　系统		下喷
12	自动喷洒头（闭式） 平面　系统		上喷
13	自动喷洒头（闭式） 平面　系统		上下喷
14	侧墙式自动喷洒头 平面　系统		—
15	水喷雾喷头 平面　系统		—

序号	名称	图例	备注
16	直立型水幕喷头	平面　　系统	—
17	下垂型水幕喷头	平面　　系统	—
18	干式报警阀	平面　　系统	—
19	湿式报警阀	平面　　系统	—
20	预作用报警阀	平面　　系统	—
21	雨淋阀	平面　　系统	—
22	信号闸阀		—
23	信号蝶阀		—
24	消防炮	平面　　系统	—
25	水流指示器	Ⓛ	—
26	水力警铃		—
27	末端试水装置	平面　　系统	—
28	手提式灭火器		—
29	推车式灭火器		—

注：1. 分区管道用加注角标方式表示；
2. 建筑灭火器的设计图例可按现行国家标准《建筑灭火器配置设计规范》（GB 50140—2005）的规定确定。

消防工程施工图习惯图例   表 1-13

序号	图例	名称	备注
1	B	火灾报警控制器	—
2	⚡ 或 Y	感烟探测器	《消防技术文件用消防设备图形符号》(GB/T 4327—2008)
3	! 或 W	感温探测器	《消防技术文件用消防设备图形符号》(GB/T 4327—2008)
4		手动报警装置	《消防技术文件用消防设备图形符号》(GB/T 4327—2008)
5		电源配电箱	—
6		事故照明配电箱	—
7		消防泵	《消防技术文件用消防设备图形符号》(GB/T 4327—2008)
8		水泵接合器	《消防技术文件用消防设备图形符号》(GB/T 4327—2008)
9		报警阀	《消防技术文件用消防设备图形符号》(GB/T 4327—2008)
10		开式喷头	《消防技术文件用消防设备图形符号》(GB/T 4327—2008)
11		闭式喷头	《消防技术文件用消防设备图形符号》(GB/T 4327—2008)
12	FS	水流指示器	—
13	PS	压力开关	—
14	PIS	电触点压力表	—
15	LS	液位开关	—
16		气体探测器	《消防技术文件用消防设备图形符号》(GB/T 4327—2008)
17		感光探测器	《消防技术文件用消防设备图形符号》(GB/T 4327—2008)
18		火灾警铃	《消防技术文件用消防设备图形符号》(GB/T 4327—2008)

序号	图例	名称	备注
19		火灾光显示器	《消防技术文件用消防设备图形符号》(GB/T 4327—2008)
20		火警专用电话	《消防技术文件用消防设备图形符号》(GB/T 4327—2008)
21		诱导灯	—
22		泡沫液罐	《消防技术文件用消防设备图形符号》(GB/T 4327—2008)
23		消火栓	《消防技术文件用消防设备图形符号》(GB/T 4327—2008)
24		泡沫比例混合器	《消防技术文件用消防设备图形符号》(GB/T 4327—2008)
25		泡沫产生器	《消防技术文件用消防设备图形符号》(GB/T 4327—2008)
26		ABC 干粉	《消防技术文件用消防设备图形符号》(GB/T 4327—2008)
27		卤代烷	《消防技术文件用消防设备图形符号》(GB/T 4327—2008)
28		二氧化碳	《消防技术文件用消防设备图形符号》(GB/T 4327—2008)

要点 40：消防工程设备常用安装方法

1. 整体安装法

整体安装法，即在设备基础适当位置放置多组垫铁，将设备整体地放在垫铁之上，利用垫铁将设备找平的方法。因此整体安装法相对于后面所讲的无垫铁安装法，也可叫做有垫铁安装法。整体安装法的适用范围很广，小型单机设备，多采用整体安装法。

2. 三点安装法

这是一种快速找平的方法，其操作方法如下：

（1）在机械设备底座下选择适当的位置，放上三个小千斤顶（或三组斜垫铁）。由于设备底座只有三个点与千斤顶接触，恰好组成一个平面。调整三个点的高度，很容易达到所要求的精度。调整好后，使标高略高于设计标高 1～2mm。

（2）将永久垫铁放入所要求的位置，松紧度以手锤轻轻敲入为准，并要求全部永久垫铁具有同一松紧度。

（3）将千斤顶拆除，使机座落在永久垫铁上，拧紧地脚螺栓，并检查设备的水平度和标高，以及垫铁的松紧度。合格后进行二次灌浆。

采用三点安装法找平找正时，应注意选择千斤顶的位置，使设备的重心在所选三点的范围内，以保持设备的稳定。如果不够稳定，则可增加辅助千斤顶，但这些辅助千斤顶不起主要调整作用。同时应注意使千斤顶或垫铁具有足够的面积，以保证三点处的基础不被破坏。

3. 无垫铁安装法

无垫铁安装法是一种新的设备安装方法。

无垫铁安装法可分为两种：一种为混凝土早期强度承压法，当二次灌浆层混凝土凝固后，即将千斤顶卸掉，待混凝土达到一定强度后才把地脚螺栓拧紧，这种方法能够得到比较满意的水平精度，另一种为混凝土后期强度承压法。当二次灌浆层养护完毕后，拆掉千斤顶，拧紧地脚螺栓。

这两种方法，各有优缺点。第一种方法，当拆千斤顶时容易产生水平误差。如果出现水平误差时，因混凝土强度低，弹性模量小，可以稍微调整地脚螺栓，从而得到理想的水平精度。第二种方法正好相反，当拆除千斤顶时，不容易产生水平误差，但如果出现水平误差，则不易调整。上述方法的选择，取决于对该方法的熟练程度，一般对设备水平度要求不太严格的，以采用第二种方法为宜。

无垫铁安装法操作步骤及要点：

(1) 基础表面处理。安装前，基础表面应铲出麻面，清除浮灰、油污。

(2) 安放千斤顶，三点法找平。安放千斤顶，并用三点安装法找平，千斤顶的位置离地脚螺栓最小要有 200mm 的距离，使设备在拧紧地脚螺栓时的应力能由混凝土来承受。

(3) 灌浆前将千斤顶用木盒包起来，并在木盒上做出标记，以便拆卸。二次灌浆层混凝土强度等级要比基础混凝土高一级，其坍落度要小，约在 0～3cm 左右，水灰比尽可能小，（水灰比小，混凝土收缩小），石子粒径为 10～20mm。如有条件则可采用压力灌浆法和膨胀水泥。灌浆层厚度应在 50～100mm 以内，且应厚度一致。

灌浆时应切实捣固，防止发生空洞，灌浆后要立即复查水平，出现变动要立即调整。

(4) 养护。混凝土养护期间，温度需保持在 5℃ 以上。在此期间严防碰动设备。

(5) 拆除千斤顶。养护期终了，拆除千斤顶时，应先拧松地脚螺栓。然后取出千斤顶，不得猛力敲打。拧紧地脚螺栓后，再用水平仪复查一次设备的水平度，然后用二次灌浆层同一强度等级的混凝土灌满千斤顶的孔穴。

(6) 做好各项记录。无垫铁安装法虽然有很多优点，但是在实际操作中要达到有垫铁安装那样的水平精度，是一个比较复杂的技术问题。必须了解混凝土的性质，熟练掌握操作要领并采取必要的措施，方可获得理想的水平精度。

4. 坐浆安装法

坐浆安装法是一种敷设设备垫铁的新工艺，能够大幅度地提高劳动生产率。增加垫铁与混凝土基础的接触面积，而且新老混凝土粘结牢固，提高安装质量。

在设备安装过程中，设备的找平一般是用垫铁和研磨基础混凝土达到的。坐浆法施工是在已达到设计强度要求的混凝基础上，于安装设备垫铁的位置上，用风镐或其他工具凿一个锅底形凹坑，然后浇灌无收缩混凝土或无收缩水泥砂浆，并在其上放置水平垫板，调好标高和水平度，养护1～3天后即可安装设备。其施工操作步骤如下：

（1）基础处理：坐浆前，在安装设备垫铁位置上，凿一个锅底形的凹坑，清除浮灰，用水冲洗干净，并除去积水。

（2）安置木模箱：将事先作好的木模箱安置在垫铁位置上，木盒尺寸要求如图1-8所示。

（3）配制水泥砂浆或混凝土：按下列推荐的配合比配制水泥砂浆或混凝土。

1）水泥（52.5级）：砂：石：水＝1:1:1:0.37。

2）防收缩剂：水泥：砂：水＝1:1:1:0.4。

3）水泥：砂：石：水＝1:1:1：适量。

水灰比一般在0.37～0.4，经验证明0.37较为适当。砂、石需用水洗净。搅拌用水应洁净。砂浆或混凝土应搅拌均匀。

（4）坐浆：坐浆时，在木模里将砂浆捣实，达到表面平整，并略有出水现象为止，并将垫铁放在坐浆层上面。坐浆层厚度如图1-9所示。

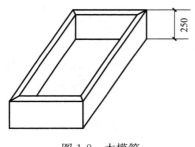

图1-8 木模箱

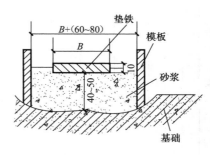

图1-9 坐浆层尺寸

（5）调整标高并找平：用水准仪和水平仪测定垫铁的标高及水平度，如不平，可调整垫铁下面的砂浆层厚度找平。

垫铁每组采用三块，一块平垫铁，厚约10mm，两块斜垫块，斜度1/15。也可采用一块2～3mm厚的平垫铁和两块斜度为1/50的斜垫铁。

（6）安装设备：通常在36h后即可进行设备安装。

第三节　消防工程施工常用材料

要点41：等边角钢

等边角钢规格尺寸及其断面尺寸代号见表1-14。

要点42：不等边角钢

不等边角钢规格尺寸及其断面尺寸代号见表1-15。

表1-14

等边角钢型号、尺寸和理论质量 (kg/m)

型号	边宽 (mm)	3	4	5	6	7	8	9	10	12	14	15	16	18	20	22	24	26	28	30	32	35
2	20	0.889	1.145	—	—	—	—	—	—	—	—	—	—	—	—	—	—	—	—	—	—	—
2.5	25	1.124	1.459	—	—	—	—	—	—	—	—	—	—	—	—	—	—	—	—	—	—	—
3	30	1.373	1.786	—	—	—	—	—	—	—	—	—	—	—	—	—	—	—	—	—	—	—
3.6	36	1.656	2.163	2.654	—	—	—	—	—	—	—	—	—	—	—	—	—	—	—	—	—	—
4	40	1.852	2.422	2.976	—	—	—	—	—	—	—	—	—	—	—	—	—	—	—	—	—	—
4.5	45	2.088	2.736	3.369	3.985	—	—	—	—	—	—	—	—	—	—	—	—	—	—	—	—	—
5	50	2.332	3.059	3.770	4.465	—	—	—	—	—	—	—	—	—	—	—	—	—	—	—	—	—
5.6	56	2.624	3.446	4.251	5.040	5.812	6.568	—	—	—	—	—	—	—	—	—	—	—	—	—	—	—
6	60	—	—	4.576	5.427	6.262	7.081	—	—	—	—	—	—	—	—	—	—	—	—	—	—	—
6.3	63	—	3.907	4.822	5.721	6.603	7.469	—	9.151	—	—	—	—	—	—	—	—	—	—	—	—	—
7	70	—	4.372	5.397	6.406	7.398	8.373	—	—	—	—	—	—	—	—	—	—	—	—	—	—	—
7.5	75	—	—	5.818	6.905	7.976	9.030	10.068	11.089	—	—	—	—	—	—	—	—	—	—	—	—	—
8	80	—	—	6.211	7.376	8.525	9.658	10.774	11.874	—	—	—	—	—	—	—	—	—	—	—	—	—
9	90	—	—	—	8.350	9.656	10.946	12.219	13.476	15.940	—	—	—	—	—	—	—	—	—	—	—	—
10	100	—	—	—	9.366	10.830	12.276	13.708	15.120	17.898	20.611	—	23.257	—	—	—	—	—	—	—	—	—
11	110	—	—	—	—	11.928	13.535	—	16.690	19.782	22.809	—	—	—	—	—	—	—	—	—	—	—
12.5	125	—	—	—	—	—	15.504	—	19.133	22.696	26.193	—	29.625	—	—	—	—	—	—	—	—	—
14	140	—	—	—	—	—	—	—	21.488	25.522	29.490	—	33.393	—	—	—	—	—	—	—	—	—
15	150	—	—	—	—	—	18.644	—	23.058	27.406	31.688	33.804	35.905	—	—	—	—	—	—	—	—	—
16	160	—	—	—	—	—	—	—	24.729	29.391	33.987	—	38.518	—	—	—	—	—	—	—	—	—
18	180	—	—	—	—	—	—	—	—	33.159	38.383	—	43.542	48.634	—	—	—	—	—	—	—	—
20	200	—	—	—	—	—	—	—	—	—	42.894	—	48.680	54.401	60.056	—	71.168	—	—	—	—	—
22	220	—	—	—	—	—	—	—	—	—	—	—	53.901	60.250	66.533	72.751	78.902	84.987	—	—	—	—
25	250	—	—	—	—	—	—	—	—	—	—	—	—	68.956	76.180	—	90.433	97.461	104.422	111.318	118.149	128.271

b=边宽
δ=边厚

不等边角钢型号、尺寸和理论质量（kg/m）　　　表1-15

型号	尺寸（长边宽×短边宽）(mm)	壁厚（mm）											
		3	4	5	6	7	8	10	12	14	15	16	18
2.5/1.6	25×16	0.912	1.176	—	—	—	—	—	—	—	—	—	—
3.2/2	32×20	1.171	1.522	—	—	—	—	—	—	—	—	—	—
4/2.5	40×25	1.484	1.936	—	—	—	—	—	—	—	—	—	—
4.5/2.8	45×28	1.687	2.203	—	—	—	—	—	—	—	—	—	—
5/3.2	50×32	1.908	2.494	—	—	—	—	—	—	—	—	—	—
5.6/3.6	56×36	2.153	2.818	3.466	—	—	—	—	—	—	—	—	—
6.3/4	63×40	—	3.185	3.920	4.638	5.339	—	—	—	—	—	—	—
7/4.5	70×45	—	3.570	4.403	5.218	6.011	—	—	—	—	—	—	—
7.5/5	75×50	—	—	4.808	5.699	—	7.431	9.098	—	—	—	—	—
8/5	80×50	—	—	5.005	5.935	6.848	7.745	—	—	—	—	—	—
9/5.6	90×56	—	—	5.661	6.717	7.756	8.779	—	—	—	—	—	—
10/6.3	100×63	—	—	—	7.550	8.722	9.878	12.142	—	—	—	—	—
10/8	100×80	—	—	—	8.350	9.656	10.946	13.476	—	—	—	—	—
11/7	110×70	—	—	—	8.350	9.656	10.946	13.476	—	—	—	—	—
12.5/8	125×80	—	—	—	—	11.066	12.551	15.474	18.330	—	—	—	—
14/9	140×90	—	—	—	—	—	14.160	17.475	20.724	23.908	—	—	—
15/9	190×90	—	—	—	—	—	14.788	18.260	21.666	25.007	26.652	28.281	—
16/10	160×100	—	—	—	—	—	—	19.872	23.592	27.247	—	30.835	—
18/11	180×110	—	—	—	—	—	—	22.273	26.440	30.589	—	34.649	—
20/12.5	200×125	—	—	—	—	—	—	—	29.761	34.436	—	39.045	43.588

b=短边宽度
B=长边宽度
δ=边厚

要点43：热轧圆钢和方钢

热轧圆钢和方钢规格见表1-16。

热轧圆钢和方钢理论质量 表 1-16

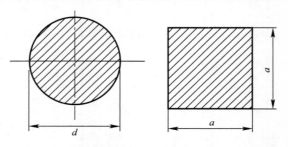

d—圆钢直径；a—方钢边长

圆钢公称直径 d 方钢公称边长 a（mm）	理论重量（kg/m）		圆钢公称直径 d 方钢公称边长 a（mm）	理论重量（kg/m）	
	圆钢	方钢		圆钢	方钢
5.5	0.186	0.237	30	5.55	7.06
6	0.222	0.283	31	5.92	7.54
6.5	0.260	0.332	32	6.31	8.04
7	0.302	0.385	33	6.71	8.55
8	0.395	0.502	34	7.13	9.07
9	0.499	0.636	35	7.55	9.62
10	0.617	0.785	36	7.99	10.2
11	0.746	0.950	38	8.90	11.3
12	0.888	1.13	40	9.86	12.6
13	1.04	1.33	42	10.9	13.8
14	1.21	1.54	45	12.5	15.9
15	1.39	1.77	48	14.2	18.1
16	1.58	2.01	50	15.4	19.6
17	1.78	2.27	53	17.3	22.0
18	2.00	2.54	55	18.6	23.7
19	2.23	2.83	56	19.3	24.6
20	2.47	3.14	58	20.7	26.4
21	2.72	3.46	60	22.2	28.3
22	2.98	3.80	63	24.5	31.2
23	3.26	4.15	65	26.0	33.2
24	3.55	4.52	68	28.5	36.3
25	3.85	4.91	70	30.2	38.5
26	4.17	5.31	75	34.7	44.2
27	4.49	5.72	80	39.5	50.2
28	4.83	6.15	85	44.5	56.7
29	5.18	6.60	90	49.9	63.6

续表

圆钢公称直径 d 方钢公称边长 a（mm）	理论重量（kg/m）		圆钢公称直径 d 方钢公称边长 a（mm）	理论重量（kg/m）	
	圆钢	方钢		圆钢	方钢
95	55.6	70.8	170	178	227
100	61.7	78.5	180	200	254
105	68.0	86.5	190	223	283
110	74.6	95.0	200	247	314
115	81.5	104	210	272	
120	88.8	113	220	298	
125	96.3	123	230	326	
130	104	133	240	355	
135	112	143	250	385	
140	121	154	260	417	
145	130	165	270	449	
150	139	177	280	483	
155	148	189	290	518	
160	158	201	300	555	
165	168	214	310	592	

要点 44：热轧六角钢和热轧八角钢

热轧六角钢和八角钢规格见表 1-17。

热轧六角钢和热轧八角钢的尺寸及理论重量　　　　表 1-17

对边距离（mm）	理论重量（kg/m）	
	六角钢	八角钢
8	0.435	—
9	0.551	—
10	0.680	—
11	0.823	—
12	0.979	—
13	1.05	—
14	1.33	—
15	1.53	—
16	1.74	1.66
17	1.96	—
18	2.20	2.16
19	2.45	—
20	2.72	2.60
21	3.00	—
22	3.29	3.15
23	3.60	—
24	3.92	—

续表

对边距离（mm）	理论重量（kg/m）	
	六角钢	八角钢
25	4.25	4.06
26	4.60	—
27	4.96	—
28	5.33	5.10
30	6.12	5.85
32	6.96	6.66
34	7.86	7.51
36	8.81	8.42
38	9.82	9.39
40	10.88	10.40
42	11.99	—
45	13.77	—
48	15.66	—
50	17.00	—
53	19.10	—
56	21.32	—
58	22.87	—
60	24.50	—
63	26.98	—
65	28.72	—
68	31.43	—
70	33.30	—

要点45：六角头螺栓

1. 六角头螺栓（C级）

常用六角头螺栓（C级）规格见表1-18。

常用六角螺栓（C级）规格　　　　　　　　　　表1-18

螺纹规格 d（mm）	螺杆长度（mm）																				
	25	30	35	40	45	50	55	60	65	70	80	90	100	110	120	130	140	150	160	180	200	220
	螺纹长度（mm）																				
M5	16	16	16	16	16	16	—	—	—	—	—	—	—	—	—	—	—	—	—	—	—	—
M6	—	18	18	18	18	18	18	18	—	—	—	—	—	—	—	—	—	—	—	—	—	—
M8	—	—	—	22	22	22	22	22	22	22	22	—	—	—	—	—	—	—	—	—	—	—
M10	—	—	—	26	26	26	26	26	26	26	26	26	26	—	—	—	—	—	—	—	—	—
M12	—	—	—	—	—	30	30	30	30	30	30	30	30	30	30	—	—	—	—	—	—	—
M14	—	—	—	—	—	—	34	34	34	34	34	34	34	34	40	40	—	—	—	—	—	—
M16	—	—	—	—	—	—	—	38	38	38	38	38	38	38	44	44	44	44	—	—	—	—
M18	—	—	—	—	—	—	—	—	42	42	42	42	42	42	48	48	48	48	48	—	—	—

螺纹规格 d（mm）	螺杆长度（mm）																				
	25	30	35	40	45	50	55	60	65	70	80	90	100	110	120	130	140	150	160	180	200	220
	螺纹长度（mm）																					
M20	—	—	—	—	—	—	—	—	—	—	46	46	46	46	46	52	52	52	52	52	52	—
M22	—	—	—	—	—	—	—	—	—	—	50	50	50	50	56	56	56	56	56	56	69
M24	—	—	—	—	—	—	—	—	—	—	54	54	54	60	60	60	60	60	60	73
M27	—	—	—	—	—	—	—	—	—	—	—	60	60	66	66	66	66	66	66	79
M30	—	—	—	—	—	—	—	—	—	—	—	—	66	72	72	72	72	72	72	85
M33	—	—	—	—	—	—	—	—	—	—	—	—	—	78	78	78	78	78	78	91
M36	—	—	—	—	—	—	—	—	—	—	—	—	—	—	84	84	84	84	84	97
M39	—	—	—	—	—	—	—	—	—	—	—	—	—	—	—	90	90	90	90	103
M42	—	—	—	—	—	—	—	—	—	—	—	—	—	—	—	—	96	96	109
M45	—	—	—	—	—	—	—	—	—	—	—	—	—	—	—	—	102	102	115
M48	—	—	—	—	—	—	—	—	—	—	—	—	—	—	—	—	—	108	121

2. 六角头螺栓（全螺纹、C 级）

六角头螺栓（全螺纹、C 级）品种规格见表 1-19。

六角头螺栓（全螺纹、C 级）规格　　　　　　表 1-19

螺纹规格 d（mm）	螺杆长度（mm）
M5	10，12，16，20，25，30，35，40，45，50
M6	12，16，20，25，30，35，40，45，50，55，60
M8	16，20，25，30，35，40，45，50，55，60，65，70，80
M10	20，25，30，35，40，45，50，55，60，65，70，80，90，100
M12	25，30，35，40，45，50，55，60，65，70，80，90，100，110，120
M14	30，35，40，45，50，55，60，65，70，80，90，100，110，120，130，140
M16	30，35，40，45，50，55，60，65，70，80，90，100，110，120，130，140，150，160
M18	35，40，45，50，55，60，65，70，80，90，100，110，120，130，140，150，160，180
M20	40，45，50，55，60，65，70，75，80，90，100，110，120，130，140，150，160，180，200
M22	45，50，55，60，65，70，75，80，90，100，110，120，130，140，150，160，180，200，220
M24	50，55，60，65，70，75，80，90，100，110，120，130，140，150，160，180，200，220，240
M27	55，60，65，70，75，80，90，100，110，120，130，140，150，160，180，200，220，240，260，280
M30	60，65，70，75，80，90，100，110，120，130，140，150，160，180，200，220，240，260，280，300
M33	65，70，75，80，90，100，110，120，130，140，150，160，180，200，220，240，260，280，300，320，340，360
M36	70，75，80，90，100，110，120，130，140，150，160，180，200，220，240，260，280，300，320，340，360
M39	80，90，100，110，120，130，140，150，160，180，200，220，240，260，280，300，320，340，360，380，400

螺纹规格 d（mm）	螺杆长度（mm）
M42	80，90，100，110，120，130，140，150，160，180，200，220，240，260，280，300，320，340，360，380，400，420
M45	90，100，110，120，130，140，150，160，180，200，220，240，260，280，300，320，340，360，380，400，420，440
M48	100，110，120，130，140，150，160，180，200，220，240，260，280，300，320，340，360，380，400，420，440，460，480
M52	100，110，120，130，140，150，160，180，200，220，240，260，280，300，320，340，360，380，400，420，440，460，480，500
M56	110，120，130，140，150，160，180，200，220，240，260，280，300，320，340，360，380，400，420，440，460，480，500
M60	120，130，140，150，160，180，200，220，240，260，280，300，320，340，360，380，400，420，440，460，480，500
M64	

要点 46：常用阀门

1. 闸阀

常用闸阀型号及其基本参数见表 1-20。

常用闸阀型号及其基本参数　　　　　　　　表 1-20

名称	型号	公称压力 PN/(MPa)	适用介质	适用温度（℃）不大于	公称通径 DN（mm）
楔式双闸板闸阀	Z42W-1	0.1	煤气	100	300～500
伞齿轮传动楔式双闸板闸阀	Z542W-1				600～1000
电动楔式双闸板闸阀	Z942W-1				6000～1400
电动暗杆楔式双闸板闸阀	Z946T-2.5	0.25	水	—	1600，1800
电动暗杆楔式闸阀	Z945T-6	0.6			1200，1400
楔式闸阀	Z41T-10	1.0	蒸汽水	200	50～450
楔式闸阀	Z41W-10		油品	100	50～450
平行式双闸板闸阀	Z44W-10				50～450
电动平行式双闸板闸阀	Z944W-10				100～400
暗杆楔式闸阀	Z45W-10				50～450
电动楔式闸阀	Z941T-10		蒸汽水	200	100～450
平行式双闸板闸阀	Z44T-10				50～400
电动平行式双闸板闸阀	Z944T-10				100～400
暗杆楔式闸阀	Z45T-10		水	100	50～700
液动楔式闸阀	Z741T-10				100～600
正齿轮传动暗杆楔式闸阀	Z455T-10				800，900，1000
电动暗杆楔式闸阀	Z945T-10				100～1000
楔式闸阀	Z40H-16C	1.6	油品蒸汽水	350	200～400
气动楔式闸阀	Z640H-16C				200～500
电动楔式闸阀	Z940H-16C				200～400
楔式闸阀	Z40H-16Q				65～200
电动楔式闸阀	Z940H-16Q				65～200

2. 截止阀

常用截止阀型号及参数见表 1-21。

常用截止阀型号及参数　　　　表 1-21

名称	型号	公称压力 PN/(MPa)	适用介质	适用温度（℃）不大于	公称通径 DN（mm）
内螺纹截止阀	J11X-10	1.0	水	60	15～65
内螺纹截止阀	J11T-16	1.6	水、蒸汽、油品	200	15～65
截止阀	J41T-16				15～150
内螺纹截止阀	J11W-16	1.6	油品	100	15～150
截止阀	J41W-16				15～65
截止阀	J41H-25K	2.5	水、蒸汽、油品	300	25～80

注：公称压力＞4.0MPa 的截止阀未列入。

3. 旋塞阀

常用旋塞阀型号及参数见表 1-22。

常用旋塞阀型号及参数　　　　表 1-22

名称	型号	公称压力 PN/(MPa)	适用介质	适用温度（℃）不大于	公称通径 DN（mm）
内螺纹旋塞阀	X13W-10T	1.0	水	—	15～50
内螺纹旋塞阀	X13T-10	1.0	水，蒸汽，油品	200	15～50
旋塞阀	X43W-10	1.0	水，蒸汽，油品	200	25～150
旋塞阀	X43T-10		油品，煤气	100	25～150
油封 T 型三通式旋塞阀	X48W-10	1.0	油品	100	25～100
油封旋塞阀	X47W-16	1.6	水，油品	100	25～150
旋塞阀	X43W-16I		含砂油口	580	50～125

4. 止回阀

常用止回阀型号及参数见表 1-23。

常用止回阀型号及参数　　　　表 1-23

名称	型号	公称压力 PN/(MPa)	适用介质	适用温度（℃）不大于	公称通径 DN（mm）
内螺纹升降式底阀	H21X-2.5	0.25	水	60	50～80
升降式底阀	H42X-2.5				50～300
旋启式底阀	H45X-2.5				1600～1800
旋启多瓣式止回阀	H45J-6	0.6			800～1600
旋启多瓣式底阀	H45X-6				1200～1400
旋启多瓣式底阀	H45X-10	1.0	水	50	700～1000
旋启式止回阀	H44X-10				50～600
旋启式止回阀	H44Y-10	1.0	蒸汽、水	200	50～600
旋启式止回阀	H44W-10		油类	100	50～450

续表

名称	型号	公称压力 PN/(MPa)	适用介质	适用温度（℃）不大于	公称通径 DN（mm）
内螺纹升降式止回阀	H11T-16	1.6	蒸汽、水	200	15～65
内螺纹升降式止回阀	H11W-16		油品	100	15～65

注：PN＞2.5MPa的止回阀未列入。

5. 减压阀

常用减压阀规格型号及参数见表1-24。

常用减压阀规格型号及参数　　　　　　表 1-24

名称及型号	公称压力 PN（MPa）	适用介质	适用温度（℃）不大于	压力调节范围（MPa）			阀前与阀后必须压力差（MPa）	公称通径（mm）
				阀前压力 P_1	阀后压力 P_2	波动范围		
活塞式减压阀 Y43H-10	1.0	空气蒸汽	200	≤1.0	0～0.85	—	≥0.15	40，50
波纹管式减压阀 Y44T-10	1.0	蒸汽空气水	200	0.1～1.0	0.05～0.4	≤0.025	≤0.6 ≥0.05	20～50
供水减压阀 Y110	1.0	水	90	≤1.0	0.1～0.5	±10%	≥0.1	20，25，40
活塞式减压阀 Y43H-16	1.6	空气水	70	＜1.6	0.05～1.0	—	—	25～300
活塞式减压阀 Y43H-16	1.6	蒸汽空气	300	0.2～1.6	0.1～0.3 0.2～0.8 0.7～1.0	≤0.05 ≤0.75 ≤0.10	≥0.15	25～200
活塞式减压阀 Y42X-25	2.5	蒸汽	350	＜2.5	0.1～1.6	—	—	25～300
弹簧薄膜式减压阀 Y42X-25	2.5	空气水	70	＜2.5	0.1～1.6	—	—	25～100
活塞减压阀 Y43X-25	2.5	水	70	＜2.5	0.1～1.6	—	—	25～100

注：P_1＞4.0MPa的减压阀未列入。

6. 安全阀

常见安全阀型号及参数见表1-25。

常见安全阀型号及参数 表 1-25

名称	型号	公称压力 PN（MPa）	密封压力范围（MPa）	适用介质	适用温度（℃）不大于	公称通径（mm）
弹簧安全阀	A27W-10	1.0	0.1～1.0	蒸汽	225	15～80
弹簧安全阀	A27W-10T		0.4～1.0	空气	225	15～80
弹簧安全阀	A27H-10K		0.1～1.0	空气，蒸汽，水	200	10～100
弹簧微启式安全阀	A47H-16	1.6	0.1～1.6	空气，蒸汽，水	200	40～100
弹簧封闭微启式安全阀	A21H-16C		0.1～1.6	水，空气，油品	200	10～25
弹簧封闭微启式安全阀	A41H-16P		0.1～1.6	硝酸	200	10～25
弹簧封闭微启式安全阀	A47H-16C		0.1～1.6	空气，水，油品	300	32～80
弹簧微启式安全阀	A43H-16C	1.6	0.1～1.6	水，蒸汽	350	50～100
弹簧微启式安全阀	A48H-16	1.6	0.1～1.6	空气，水，蒸汽	350	40～80
带扳手全启式安全阀	A48H-16C	1.6	0.1～1.6	蒸汽	350	50～150
带扳手全启式安全阀	A48H-16C	1.6	0.1～1.6	空气，蒸汽	350	50～150
弹簧微启式安全阀	A47H-25	1.6	—	水，蒸汽	350	50～150

注：PN>4.0MPa 的减压阀未列入。

要点 47：通用橡套软电缆

通用橡套软电缆型号、名称见表 1-26。产品规格见表 1-27。

通用橡套软电缆型号和名称 表 1-26

型号	名称	主要用途
YQ、YQW	软型橡套软电缆	用于轻型移动电器设备和工具
YZ、YZW	中型橡套软电缆	用于各种移动电器设备和工具
YZB、YZWB	中型橡套扁形软电缆	用于各种移动电器设备和工具
YC、YCW	重型橡套软电缆	用于各种移动电器设备，能承受较大的机械外力作用

通用橡套软电缆规格 表 1-27

型号	额定电压/V	芯数	标称截面积/mm²
YQ、YQW	300/300	2，3	0.3～0.5
YZ、YZW	300/500	2，3，4，5	4～6
		4（三大一小）	1.5～6
		5（三大二小，四大一小）	1.5～6
		6	0.75～6
YBZ、YZWB	300/500	2，3，4，5，6	0.75～6
YC	450/750	1	1.0～400
—	—	2	1.0～95
—	—	3，4，5	1.0～150

续表

型号	额定电压/V	芯数	标称截面积/mm²
—	—	4（三大一小）	2.5～150
—	—	5（三大二小，四大一小）	2.5～150
YCW	450/750	2	35～95
—	—	3	120～150
—	—	4（三大一小）	2.5～150
—	—	5	35～150
—	—	5（三大二小，四大一小）	2.5～150

第二章 火灾报警与消防联动系统施工

第一节 火灾自动报警系统安装

要点 1：火灾自动报警系统的定义

火灾自动报警系统是为了早期发现和通报火灾，并及时采取有效措施，控制和扑灭火灾，而在建筑物中或其他场所设置的一种自动消防设施，它是依据主动防火对策，以被监测的各类建筑物为警戒对象，通过自动化手段实现早期火灾探测、火灾自动报警和消防设备联动控制。它完成了对火灾的预防和控制功能，是现代消防不可缺少的安全技术设施之一。

要点 2：火灾自动报警系统的组成

火灾自动报警系统通常由触发器件、火灾报警装置、火灾警报装置以及具有其他辅助功能的装置组成。它可以在火灾初期，将燃烧产生的烟雾、热量和光辐射等物理量，借助感温、感烟和感光等火灾探测器接收到的信号转变成电信号输入火灾报警控制器，报警控制器立即以声、光信号向人发出警报，同时指示火灾发生的部位，并且记录下火灾发生的时间；它还可与自动喷水灭火系统、室内消火栓系统、防烟排烟系统、通风系统、空调系统及防火门、防火卷帘以及挡烟垂壁等防火分隔系统设备联动，自动或者手动发出指令，启动相应的灭火装置。图 2-1 表示火灾自动报警系统的组成。

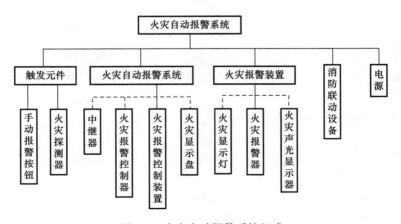

图 2-1 火灾自动报警系统组成

1. 触发器件

触发器件是指在火灾自动报警系统中，自动或者手动产生火灾报警信号的器件，主要包括火灾探测器和手动报警按钮。火灾探测器是能对火灾参数（如烟、温、光、火焰辐射以及气体浓度等）响应，并自动产生火灾报警信号的器件。根据响应火灾参数的不同，火灾探测器分成感温火灾探测器、感烟火灾探测器、感光火灾探测器、可燃气体探测器以及复合火灾探测器五种基本类型。不同类型的火灾探测器适用于不同类型的火灾及不同的场所。手动火灾报警按钮是手动方式产生火灾报警信号、启动火灾自动报警系统的器件，也是火灾自动报警系统中必不可少的组成部分之一。

2. 火灾报警装置

火灾报警装置是指在火灾自动报警系统中，用以接收、显示以及传递火灾报警信号，并能发出控制信号和具有其他辅助功能的控制指示设备。火灾报警控制器就是其中最为基本的一种。

3. 火灾警报装置

火灾警报装置是指在火灾自动报警系统中，用以发出区别于环境声及光的火灾警报信号的装置。火灾警报器是一种最基本的火灾警报装置，通常与火灾报警控制器（如区域显示器火灾显示盘，集中火灾报警控制器）组合在一起，它以声、光音响方式向报警区域发出火灾警报信号，以此警示人们采取安全疏散、灭火救灾措施。

警铃也是一种火灾警报装置，是把火灾报警信息进行声音中继的一种电气设备，警铃大部分安装于建筑物的公共空间部分，如走廊及大厅等。

4. 消防控制设备

消防控制设备是指在火灾自动报警系统中，当接收到来自触发器件的火灾报警之后，能自动或手动启动相关消防设备开关、显示其状态的设备。主要包括火灾报警控制器，室内消火栓系统的控制装置，自动灭火系统的控制装置，防烟排烟系统及空调通风系统的控制装置，常开防火门，防火卷帘的控制装置，电梯回降控制装置，以及火灾应急广播、消防通信设备、火灾警报装置、火灾应急照明与疏散指示标志的控制装置等控制装置中的部分或全部。消防控制设备通常设置在消防控制中心，以便于实行集中统一控制。也有的消防控制设备设置在被控消防设备现场，但是其动作信号必须返回消防控制室，实行集中与分散相结合的控制方式。

5. 电源

火灾自动报警系统属于消防用电设备，其主电源应采用消防电源，备用电采用蓄电池。系统电源除为火灾报警控制器供电之外，还为与系统相关的消防控制设备等供电。

要点3：火灾自动报警系统的形式

火灾报警与消防联动控制系统设计应根据保护对象的分级规定、功能要求和消防管理体制等因素综合考虑确定。

火灾自动报警系统的基本形式有如下三种：

（1）区域报警系统，一般适用于二级保护对象。

（2）集中报警系统，一般适用于一、二级保护对象。

（3）控制中心报警系统，一般适用于特级、一级保护对象。

要点4：区域火灾报警系统

（1）区域火灾报警系统通常由区域火灾报警控制器、火灾探测器、手动火灾报警按钮、火灾警报装置及电源等组成，其系统结构、形式如图2-2所示。该系统功能简单，适用于较小范围的保护。

（2）采用区域报警系统时，其区域报警控制器不应超过两台，因为未设集中报警控制器，当火灾报警区域过多而又分散时就不便于集中监控与管理。

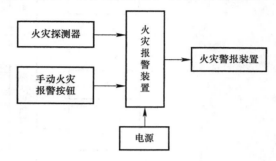

（3）区域报警系统可单独用在工矿企业的计算机机房等重要部位和民用建筑的塔楼

图2-2　区域火灾报警系统

公寓、写字楼等处，也可作为集中报警系统和控制中心系统中最基本的组成设备。

区域报警系统设计时，应符合下列几点规定：

1）在一个区域系统中，宜选用一台通用报警控制器，最多不超过两台。

2）区域报警控制器应设在有人值班的房间。

3）该系统比较小，只能设置一些功能简单的联动控制设备。

4）当用该系统警戒多个楼层时，应在每个楼层的楼梯口和消防电梯前室等明显部位设置识别报警楼层的灯光显示装置。

5）当区域报警控制器安装在墙上时，其底边距地面或楼板的高度为1.3～1.5m，靠近门轴的侧面距离不小于0.5m，正面操作距离不小于1.2m。

要点5：集中火灾报警系统

集中火灾报警系统通常由集中火灾报警控制器、至少两台区域火灾报警控制器（或区域显示器）、火灾探测器、手动火灾报警按钮、火灾警报装置及电源等组成，其系统结构、形式如图2-3所示。该系统功能较复杂，适用于较大范围内多个区域的保护。

集中火灾报警系统应设置在由专人值班的房间或消防值班室内，若集中报警不设在消防控制室内，则应将它的输出信号引至消防控制室，这有助于建筑物内整体火灾自动报警系统的集中监控和统一管理。

集中报警控制系统在一级中档宾馆、饭店用得比较多。根据宾馆、饭店的管理情况，集中报警控制器设在消防控制室；区域报警控制器（或楼层显示器）设在各楼层服务台，这样管理比较方便。

集中报警控制系统在设计时，应注意以下几点：

（1）集中报警控制系统中，应设置必要的消防联动控制输入接点和输出接点（输入、输出模块），可控制有关消防设备，并接收其反馈信号。

（2）在控制器上应能准确显示火灾报警具体部位，并能实现简单的联动控制。

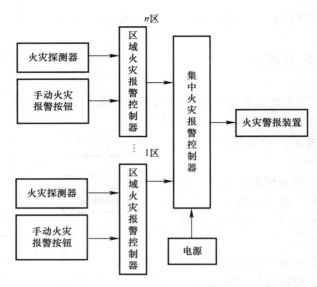

图 2-3　集中火灾报警系统

（3）集中报警控制器的信号传输线（输入、输出信号线）应通过端子连接，且应有明显的标记编号。

（4）报警控制器应设在消防控制室或有人值班的专门房间。

（5）控制盘前后应按消防控制室的要求，留出便于操作、维修的空间。

（6）集中报警控制器所连接的区域报警控制器（或楼层显示器）应符合区域报警控制系统的技术要求。

要点 6：控制中心报警系统

控制中心报警系统通常由至少一台集中火灾报警控制器、一台消防联动控制设备、至少两台区域火灾报警控制器（或区域显示器）、火灾探测器、手动火灾报警按钮、火灾报警装置、火警电话、火灾应急照明、火灾应急广播、联动装置及电源等组成，其系统结构、形式如图 2-4 所示。该系统的容量较大，消防设施控制功能较全，适用于大型建筑的保护。

集中火灾报警控制器设在消防控制室内，其他消防设备及联动控制设备，可采用分散控制和集中遥控两种方式。各消防设备工作状态的反馈信号，必须集中显示在消防控制室的监视或总控制台上，以便对建筑物内的防火安全设施进行全面控制与管理。控制中心报警系统探测区域可多达数百甚至上千个。

控制中心报警系统主要用于大型宾馆、饭店、商场、办公室等。此外，它还多用在大型建筑群和大型综合楼工程。

在确定系统的构成方式时，还要结合所选用厂家的具体设备的性能和特点进行考虑。例如，有的厂家火灾报警控制器的一个回路允许 64 个编址单元，有的厂家一个回路可带127 个编址单元，这就要求在进行回路分配时要考虑回路容量。再如，有的厂家报警控制器允许一定数量的控制模块进入报警总线回路，不用单独设置联动控制器，有的厂家则必须单设联动控制器。

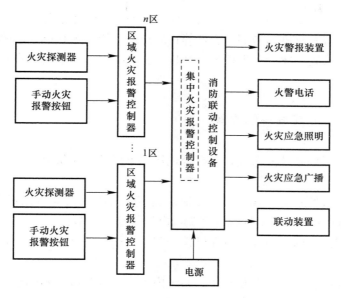

图 2-4　控制中心报警系统

要点 7：火灾自动报警系统的工作过程

　　设置火灾自动报警系统是为了防止和减少火灾带来的损失和危害，保护生命和财产安全。火灾自动报警系统工作原理如图 2-5 所示。安装在保护区的火灾探测器实时监测被警戒的现场或对象。当监测场所发生火灾时，火灾探测器将检测到火灾产生的烟雾、高温、火焰及火灾特有的气体等信号并转换成电信号，通过总线传送至报警控制器。如果现场人员发现火情后，也应立即直接按动手动报警按钮，发出火警信号。火灾报警控制器接收到火警信号，经确认后，通过火灾报警控制器上的声光报警显示装置显示出来，通知值班人员发生了火灾。与此同时火灾自动报警系统通过火灾报警控制器自启动报警装置，通过消防广播或消防电话通知现场人员投入灭火操作或从火灾现场疏散；相应地自启动防、排烟

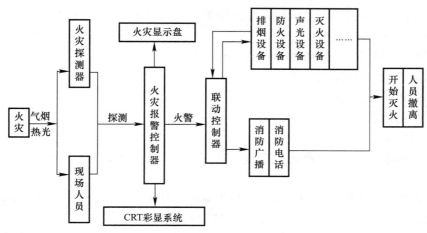

图 2-5　火灾自动报警系统工作原理

设备、防火门、防火卷帘、消防电梯、火灾应急照明、切断非消防电源等减灾装置，防止火灾蔓延、控制火势及求助消防部门支援等；启动消火栓、水喷淋、水幕及气体灭火系统及装置，及时扑救火灾，减少火灾损失。一旦火灾被扑灭，整个火灾自动报警系统又回到正常监控状态。

要点 8：火灾自动报警系统的布线

（1）火灾自动报警系统的布线，应符合现行国家标准《建筑电气工程施工质量验收规范》（GB 50303—2002）的规定。

（2）火灾自动报警系统布线时，应按照现行国家标准《火灾自动报警系统设计规范》（GB 50116—2013）的规定，对导线的种类、电压等级进行检查。

（3）在管内或线槽内的布线，应在建筑抹灰及地面工程结束后进行，管内或线槽内不应有积水及杂物。

（4）火灾自动报警系统应单独布线。系统内不同电压等级、不同电流类别的线路，不应布在同一管内或线槽的同一槽孔内。

（5）导线在管内或线槽内，不应有接头或扭结。导线的接头，应在接线盒内焊接或用端子连接。

（6）从接线盒、线槽等处引到探测器底座、控制设备、扬声器的线路，当采用金属软管保护时，其长度不应超过 2m。

（7）敷设在多尘或潮湿场所管路的管口和管子连接处，都应做密封处理。

（8）管路超过下列长度时，应在便于接线处装设接线盒：

1）管子长度每超过 30m，无弯曲时。

2）管子长度每超过 20m，有 1 个弯曲时。

3）管子长度每超过 10m，有 2 个弯曲时。

4）管子长度每超过 8m，有 3 个弯曲时。

（9）金属管子入盒，盒外侧应套锁母，内侧应装护口；在吊顶内敷设时，盒的内、外侧都应套锁母。塑料管入盒应采取相应固定措施。

（10）明敷设各类管路和线槽时，应采用单独的卡具吊装或支撑物固定。吊装线槽或管路的吊杆直径不应小于 6mm。

（11）线槽敷设时，应在下列部位设置吊点或支点：

1）线槽始端、终端及接头处。

2）距接线盒 0.2m 处。

3）线槽转角或分支处。

4）直线段不大于 3m 处。

（12）线槽接口应平直、严密，槽盖应齐全、平整、无翘角。并列安装时，槽盖应便于开启。

（13）管线经过建筑物的变形缝（包括沉降缝、伸缩缝、抗震缝等）处，应采取补偿措施，导线跨越变形缝的两侧应固定，并且留有适当余量。

（14）火灾自动报警系统导线敷设后，应用 500V 兆欧表测量每个回路导线对地的绝缘电阻，且绝缘电阻值不应小于 20MΩ。

（15）同一工程中的导线，应根据不同用途选择不同颜色加以区分，相同用途的导线颜色应一致。电源线正极应为红色，负极应为蓝色或黑色。

要点 9：火灾自动报警系统的接地

火灾自动报警系统属于电子设备，接地良好与否对系统工作的影响很大。尤其是对大多数采用微机控制的火灾自动报警系统，如不能正确合理地解决好接地问题，将导致系统不能正常可靠的工作。这里所说的接地是指工作接地，即为保证系统中"零"电位点稳定可靠而采取的接地。

火灾自动报警系统接地要求如下：

（1）火灾自动报警系统接地装置的接地电阻值应符合下列要求：

1）采用共用接地装置时，接地电阻值不应大于 1Ω。

2）采用专用接地装置时，接地电阻值不应大于 4Ω。

（2）消防控制室内的电气和电子设备的金属外壳、机柜、机架和金属管、槽等，应采用等电位连接。

（3）由消防控制室接地板引至各消防电子设备的专用接地线应选用铜芯绝缘导线，其线芯截面面积不应小于 4mm^2。

（4）消防控制室接地板与建筑接地体之间，应采用线芯截面面积不小于 25mm^2 的铜芯绝缘导线连接。

（5）接地装置施工完毕后，应按规定测量接地电阻，并做记录。

要点 10：火灾探测器的类型

火灾探测器在火灾报警系统中的地位非常重要，它是整个系统中最早发现火情的设备。其种类多、科技含量高。常用的主要参数有额定工作电压、允许压差、监视电流、报警电流、灵敏度、保护半径和工作环境等。

火灾探测器通常由敏感元件（传感器）、探测信号处理单元和判断及指示电路等组成。其可以从结构造型、火灾参数、使用环境、动作时刻、安装方式等几个方面进行分类。

1. 按结构造型分类

按照火灾探测器结构造型特点分类，可以分为线型探测器和点型探测器两种。

（1）线型探测器：线型探测器是一种响应连续线路周围的火灾参数的探测器。"连续线路"可以是"硬"线路，也可以是"软"线路。所谓硬线路是由一条细长的铜管或不锈钢管做成，如差动气管式感温探测器和热敏电缆感温探测器等。软线路是由发送和接收的红外线光束形成的，如投射光束的感烟探测器等。这种探测器当通向受光器的光路被烟遮蔽或干扰时产生报警信号。因此在光路上要时刻保持无挡光的障碍物存在。

（2）点型探测器：点型探测器是探测元件集中在一个特定位置上，探测该位置周围火灾情况的装置，或者说是一种响应某点周围火灾参数的装置。点型探测器广泛应用于住宅、办公楼、旅馆等建筑的探测器。

2. 按火灾参数分类

　　根据火灾探测方法和原理，火灾探测器通常可分为 5 类，即感烟式、感温式、感光式、可燃气体探测式和复合式火灾探测器。每一类型又按其工作原理分为若干种类型，见表 2-1。

火灾探测器分类

表 2-1

序号	名称及种类			
1	感烟探测器	光电感烟型	点型	散射型
				逆光型
			线型	红外束型
				激光型
		离子感烟型	点型	
2	感温探测器	点型	差温 定温 差定温	双金属型
				膜盒型
				易熔金属型
				半导体型
		线型	差温 定温	管型
				电缆型
				半导体型
3	感光火灾探测器	紫外光型		
		红外光型		
4	可燃性气体探测器	催化型 半导体型		

　　（1）感烟探测器：用于探测物质初期燃烧所产生的气溶胶或烟粒子浓度。可分为点型探测器和线型探测器 2 种。点型感烟探测器可分为离子感烟探测器、光电感烟探测器、电容式感烟探测器与半导体式感烟探测器，民用建筑中大多数场所采用点型感烟探测器。线型探测器包括红外光束感烟探测器和激光型感烟探测器，线型感烟探测器由发光器和接收器 2 部分组成，中间为光束区。当有烟雾进入光束区时，探测器接收的光束衰减，从而发出报警信号，主要用于无遮挡大空间或有特殊要求的场所。

　　（2）感温探测器：感温火灾探测器对异常温度、温升速率和温差等火灾信号予以响应，可分为点型和线型 2 类。点型感温探测器又称为定点型探测器，其外形与感烟式类似，它有定温、差温和差定温复合式 3 种；按其构造又可分为机械定温、机械差温、机械差定温、电子定温、电子差温及电子差定温等。缆式线型定温探测器适用于电缆隧道、电缆竖井、电缆夹层、电缆桥架、配电装置、开关设备、变压器、各种皮带输送装置、控制室和计算机室的闷顶内、地板下及重要设施的隐蔽处等。空气管式线型差温探测器用于可能产生油类火灾且环境恶劣的场所，不宜安装点型探测器的夹层、闷顶。

　　（3）感光火灾探测器：感光火灾探测器又称为火焰探测器，主要对火焰辐射出的红外线、紫外线、可见光予以响应，常用的有红外火焰型和紫外火焰型 2 种。按火灾的发生规律，发光是在烟的生成及高温之后，因而它属于火灾晚期探测器，但对于易燃、易爆物有特殊的作用。紫外线探测器对火焰发出的紫外光产生反应；红外线探测器对火焰发出的红外光产生反应，而对灯光、太阳光、闪电、烟雾和热量均不反应，其规格为监视角。

（4）可燃气体探测器：可燃气体探测器利用对可燃气体敏感的元件来探测可燃气体浓度，当可燃气体浓度达到危险值（超过限度）时报警。主要用于易燃、易爆场所中探测可燃气体（粉尘）的浓度，一般整定在爆炸浓度下限的 1/4～1/6 时动作报警。适用于宾馆厨房或燃料气储备间、汽车库、压气机站、过滤车间、溶剂库、燃油电厂等有可燃气体的场所。

（5）复合火灾探测器：复合火灾探测器可以响应 2 种或 2 种以上火灾参数，主要有感温感烟型、感光感烟型和感光感烟型等。

3. 按使用环境分类

按使用场所、环境的不同，火灾探测器可分为陆用型（无腐蚀性气体，温度在 -10℃～+50℃，相对湿度 85％以下）、船用型（高温 50℃以上，高湿 90％～100％相对湿度）、耐寒型（40℃以下的场所，或平均气温低于 -10℃的地区）、耐酸碱型、耐爆型等。

4. 按安装方式分类

有外露型和埋入型（隐蔽型）两种探测器。后者用于特殊装饰的建筑中。

5. 按动作时刻分类

有延时与非延时动作的两种探测器。延时动作便于人员疏散。

6. 按操作后能否复位分类

（1）可复位火灾探测器：在产生火灾报警信号的条件不再存在的情况下，不需更换组件即可从报警状态恢复到监视状态。

（2）不可复位火灾探测器：在产生火灾报警信号的条件不再存在的情况下，需更换组件才能从报警状态恢复到监视状态。

根据其维修保养时是否可拆卸，可分为可拆式和不可拆式火灾探测器。

要点 11：火灾探测器的型号

1. 型号标注

火灾报警产品都是按照国家标准编制命名的。国标型号均是按汉语拼音字头的大写字母组合而成，从名称就可以看出产品类型与特征。

火灾探测器产品型号的形式如下：

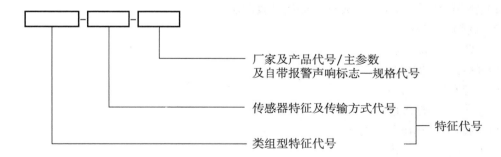

2. 类组型特征表示法

（1）J（警）——消防产品中火灾报警设备分类代号。

（2）T（探）——火灾探测器代号。

（3）火灾探测器类型分组代号。各种类型火灾探测器的具体表示方法是：

Y（烟）——感烟火灾探测器。

W（温）——感温火灾探测器。

G（光）——感光火灾探测器。

Q（气）——气体敏感火灾探测器。

T（图）——图像摄像方式火灾探测器。

S（声）——感声火灾探测器。

F（复）——复合式火灾探测器。

（4）应用范围特征表示法：火灾探测器的应用范围特征是指火灾探测器的适用场所，适用于爆炸危险场所的为防爆型，否则为非防爆型；适合于船上使用的为船用型，适合于陆上使用的为陆用型。其具体表示方式是：

B（爆）——防爆型（型号中无"B"代号即为非防爆型，其名称亦无须指出"非防爆型"）。

C（船）——船用型（型号中无"C"代号即为陆用型，其名称中亦无须指出"陆用型"）。

3. 传感器特征表示法

（1）感烟火灾探测器传感器特征表示法

L（离）——离子。

G（光）——光电。

H（红）——红外光束。

对于吸气型感烟火灾探测器传感器特征表示法：

LX——吸气型离子感烟火灾探测器。

GX——吸气型光电感烟火灾探测器。

例如，JTY-LM-XXYY/B 表示 XX 厂生产的编码、自带报警声响、离子感烟火灾探测器，产品序列号为 YY。

（2）感温火灾探测器传感器特征表示法

感温火灾探测器的传感器特征由两个字母表示，前一个字母为敏感元件特征代号，后一个字母为敏感方式特征代号。

1）感温火灾探测器敏感元件特征代号表示法：

M（膜）——膜盒。

S（双）——双金属。

Q（球）——玻璃球。

G（管）——空气管。

L（缆）——热敏电缆。

O（偶）——热电偶，热电堆。

B（半）——半导体。

Y（银）——水银接点。

Z（阻）——热敏电阻。

R（熔）——易溶材料。

X（纤）——光纤。

2）感温火灾探测器敏感方式特征代号表示法：

D（定）——定温。

C（差）——差温。

O——差定温。

例如，JTW-BOF-XXYY/60B 表示 XX 厂生产的非编码、自带报警声响、动作温度为 60℃、半导体感温元件、差定温火灾探测器，产品序列号为 YY。

（3）感光火灾探测器传感器特征表示法

Z（紫）——紫外。

H（红）——红外。

U——多波段。

例如，JTG-ZF-XXYY/Ⅰ表示 XX 厂生产的非编码、紫外火焰探测器、灵敏度级别为 Ⅰ级，产品序列号为 YY。

（4）气体敏感火灾探测器传感器特征表示法

B（半）——气敏半导体。

C（催）——催化。

例如，JTQ-BF-XXYYY/aB 表示 XX 厂生产的非编码、自带报警声响、气敏半导体式火灾探测器，主参数为 a，产品序列号为 YYY。

（5）图像摄像方式火灾探测器、感声火灾探测器传感器特征可省略

例如，JTM-M-XXYY 表示 XX 厂生产的编码，图像摄像方式火灾探测器，产品序列号为 YY。

JTS-M-XXYY 表示 XX 厂生产的编码、感声火灾探测器，产品序列号为 YY。

（6）复合式火灾探测器传感器特征表示法

复合式火灾探测器是对两种或两种以上火灾参数响应的火灾探测器。复合式火灾探测器的传感器特征用组合在一起的火灾探测器类型分组代号或传感器特征代号表示。列出传感器特征的火灾探测器用其传感器特征表示，其他用火灾探测器类型分组代号表示，感温火灾探测器用其敏感方式特征代号表示。

例如，JTF-LOSM-XXYY/60/Ⅰ表示 XX 厂生产的编码、感声与离子感烟与差定温复合式火灾探测器，动作温度为 60℃，感声灵敏度级别为Ⅰ级，产品序列号为 YY。

4. 传输方式表示法

W（无）——无线传输方式。

M（码）——编码方式。

F（非）——非编码方式。

H（混）——编码、非编码混合方式。

5. 厂家及产品代号表示法

厂家及产品代号为四到六位，前两位或三位使用厂家名称中具有代表性的汉语拼音字母或英文字母表示厂家代号，其后用阿拉伯数字表示产品系列号。

6. 主参数及自带报警声响标志表示法

（1）定温、差定温火灾探测器用灵敏度级别或动作温度值表示。

（2）差温火灾探测器、感烟火灾探测器的主参数无须反映。

（3）其他火灾探测器用能代表其响应特征的参数表示；复合火灾探测器主参数如为两个以上，其间用"/"隔开。

要点 12：火灾探测器的选择

火灾探测器的选择应符合下列规定：

（1）对火灾初期有阴燃阶段，产生大量的烟和少量的热，很少或没有火焰辐射的场所，应选择感烟火灾探测器。

（2）对火灾发展迅速，可产生大量热、烟和火焰辐射的场所，可选择感温火灾探测器、感烟火灾探测器、火焰探测器或其组合。

（3）对火灾发展迅速，有强烈的火焰辐射和少量烟、热的场所，应选择火焰探测器。

（4）对火灾初期有阴燃阶段，且需要早期探测的场所，宜增设一氧化碳火灾探测器。

（5）对使用、生产可燃气体或可燃蒸气的场所，应选择可燃气体探测器。

（6）应根据保护场所可能发生火灾的部位和燃烧材料的分析，以及火灾探测器的类型、灵敏度和响应时间等选择相应的火灾探测器，对火灾形成特征不可预料的场所，可根据模拟试验的结果选择火灾探测器。

（7）同一探测区域内设置多个火灾探测器时，可选择具有复合判断火灾功能的火灾探测器和火灾报警控制器。

要点 13：点型火灾探测器的选择

（1）对不同高度的房间，可按表 2-2 选择点型火灾探测器。

对不同高度的房间点型火灾探测器的选择　　　　　表 2-2

房间高度 h（m）	点型感烟火灾探测器	点型感温火灾探测器			火焰探测器
		A1、A2	B	C、D、E、F、G	
12＜h≤20	不适合	不适合	不适合	不适合	适合
8＜h≤12	适合	不适合	不适合	不适合	适合
6＜h≤8	适合	适合	不适合	不适合	适合
4＜h≤6	适合	适合	适合	不适合	适合
h≤4	适合	适合	适合	适合	适合

注：表中 A1、A2、B、C、D、E、F、G 为点型感温探测器的不同类型，其具体参数应符合表 2-3 的规定。

点型感温火灾探测器分类　　　　　表 2-3

探测器类别	典型应用温度（℃）	最高应用温度（℃）	动作温度下限值（℃）	动作温度上限值（℃）
A1	25	50	54	65
A2	25	50	54	70
B	40	65	69	85

探测器类别	典型应用温度（℃）	最高应用温度（℃）	动作温度下限值（℃）	动作温度上限值（℃）
C	55	80	84	100
D	70	95	99	115
E	85	110	114	130
F	100	125	129	145
G	115	140	144	160

（2）下列场所宜选择点型感烟火灾探测器：

1）饭店、旅馆、教学楼、办公楼的厅堂、卧室、办公室、商场、列车载客车厢等。

2）计算机房、通信机房、电影或电视放映室等。

3）楼梯、走道、电梯机房、车库等。

4）书库、档案库等。

（3）符合下列条件之一的场所，不宜选择点型离子感烟火灾探测器：

1）相对湿度经常大于95％。

2）气流速度大于5m/s。

3）有大量粉尘、水雾滞留。

4）可能产生腐蚀性气体。

5）在正常情况下有烟滞留。

6）产生醇类、醚类、酮类等有机物质。

（4）符合下列条件之一的场所，不宜选择点型光电感烟火灾探测器：

1）有大量粉尘、水雾滞留。

2）可能产生蒸气和油雾。

3）高海拔地区。

4）在正常情况下有烟滞留。

（5）符合下列条件之一的场所，宜选择点型感温火灾探测器；且应根据使用场所的典型应用温度和最高应用温度选择适当类别的感温火灾探测器：

1）相对湿度经常大于95％。

2）可能发生无烟火灾。

3）有大量粉尘。

4）吸烟室等在正常情况下有烟或蒸气滞留的场所。

5）厨房、锅炉房、发电机房、烘干车间等不宜安装感烟火灾探测器的场所。

6）需要联动熄灭"安全出口"标志灯的安全出口内侧。

7）其他无人滞留且不适合安装感烟火灾探测器，但发生火灾时需要及时报警的场所。

（6）可能产生阴燃火或发生火灾不及时报警将造成重大损失的场所，不宜选择点型感温火灾探测器；温度在0℃以下的场所，不宜选择定温探测器；温度变化较大的场所，不宜选择具有差温特性的探测器。

（7）符合下列条件之一的场所，宜选择点型火焰探测器或图像型火焰探测器：

1）火灾时有强烈的火焰辐射。

2）可能发生液体燃烧等无阴燃阶段的火灾。

　　3）需要对火焰做出快速反应。

　　(8) 符合下列条件之一的场所，不宜选择点型火焰探测器和图像型火焰探测器：

　　1）在火焰出现前有浓烟扩散。

　　2）探测器的镜头易被污染。

　　3）探测器的"视线"易被油雾、烟雾、水雾和冰雪遮挡。

　　4）探测区域内的可燃物是金属和无机物。

　　5）探测器易受阳光、白炽灯等光源直接或间接照射。

　　(9) 探测区域内正常情况下有高温物体的场所，不宜选择单波段红外火焰探测器。

　　(10) 正常情况下有明火作业，探测器易受 X 射线、弧光和闪电等影响的场所，不宜选择紫外火焰探测器。

　　(11) 下列场所宜选择可燃气体探测器：

　　1）使用可燃气体的场所。

　　2）燃气站和燃气表房以及存储液化石油气罐的场所。

　　3）其他散发可燃气体和可燃蒸气的场所。

　　(12) 在火灾初期产生一氧化碳的下列场所可选择点型一氧化碳火灾探测器：

　　1）烟不容易对流或顶棚下方有热屏障的场所。

　　2）在棚顶上无法安装其他点型火灾探测器的场所。

　　3）需要多信号复合报警的场所。

　　(13) 污物较多且必须安装感烟火灾探测器的场所，应选择间断吸气的点型采样吸气式感烟火灾探测器或具有过滤网和管路自清洗功能的管路采样吸气式感烟火灾探测器。

要点 14：点型感烟、感温火灾探测器的安装

　　点型感烟、感温火灾探测器的安装应符合下列要求：

　　(1) 探测器至墙壁、梁边的水平距离，不应小于 0.5m。

　　(2) 探测器周围水平距离 0.5m 内，不应有遮挡物。

　　(3) 探测器至空调送风口最近边的水平距离，不应小于 1.5m；至多孔送风顶棚孔口的水平距离，不应小于 0.5m。

　　(4) 在宽度小于 3m 的内走道顶棚上安装探测器时，宜居中安装。点型感温火灾探测器的安装间距，不应超过 10m；点型感烟火灾探测器的安装间距，不应超过 15m。探测器至端墙的距离，不应大于安装间距的一半。

　　(5) 探测器宜水平安装，当确需倾斜安装时，倾斜角不应大于 45°。

要点 15：线型火灾探测器的选择

　　(1) 无遮挡的大空间或有特殊要求的房间，宜选择线型光束感烟火灾探测器。

　　(2) 符合下列条件之一的场所，不宜选择线型光束感烟火灾探测器：

　　1）有大量粉尘、水雾滞留。

　　2）可能产生蒸气和油雾。

3）在正常情况下有烟滞留。

4）固定探测器的建筑结构由于振动等原因会产生较大位移的场所。

（3）下列场所或部位，宜选择缆式线型感温火灾探测器：

1）电缆隧道、电缆竖井、电缆夹层、电缆桥架。

2）不易安装点型探测器的夹层、闷顶。

3）各种皮带输送装置。

4）其他环境恶劣不适合点型探测器安装的场所。

（4）下列场所或部位，宜选择线型光纤感温火灾探测器：

1）除液化石油气外的石油储罐。

2）需要设置线型感温火灾探测器的易燃易爆场所。

3）需要监测环境温度的地下空间等场所宜设置具有实时温度监测功能的线型光纤感温火灾探测器。

4）公路隧道、敷设动力电缆的铁路隧道和城市地铁隧道等。

（5）线型定温火灾探测器的选择，应保证其不动作温度符合设置场所的最高环境温度的要求。

要点 16：线型红外光束感烟火灾探测器的安装

线型红外光束感烟火灾探测器的安装应符合下列要求：

（1）当探测区域的高度不大于 20m 时，光束轴线至顶棚的垂直距离宜为 0.3～1.0m；当探测区域的高度大于 20m 时，光束轴线距探测区域的地（楼）面高度不宜超过 20m。

（2）发射器和接收器之间的探测区域长度不宜超过 100m。

（3）相邻两组探测器光束轴线的水平距离不应大于 14m。探测器光束轴线至侧墙水平距离不应大于 7m，且不应小于 0.5m。

（4）发射器和接收器之间的光路上应无遮挡物或干扰源。

（5）发射器和接收器应安装牢固，并不应产生位移。

要点 17：吸气式感烟火灾探测器的选择

（1）下列场所宜选择吸气式感烟火灾探测器：

1）具有高速气流的场所。

2）点型感烟、感温火灾探测器不适宜的大空间、舞台上方、建筑高度超过 12m 或有特殊要求的场所。

3）低温场所。

4）需要进行隐蔽探测的场所。

5）需要进行火灾早期探测的重要场所。

6）人员不宜进入的场所。

（2）灰尘比较大的场所，不应选择没有过滤网和管路自清洗功能的管路采样式吸气感烟火灾探测器。

要点 18：吸气式感烟火灾探测器的安装

通过管路采样的吸气式感烟火灾探测器的安装应符合下列要求：

（1）采样管应固定牢固。

（2）采样管（含支管）的长度和采样孔应符合产品说明书的要求。

（3）非高灵敏度的吸气式感烟火灾探测器不宜安装在天棚高度大于 16m 的场所。

（4）高灵敏度吸气式感烟火灾探测器在设为高灵敏度时可安装在天棚高度大于 16m 的场所，并保证至少有 2 个采样孔低于 16m。

（5）安装在大空间时，每个采样孔的保护面积应符合点型感烟火灾探测器的保护面积要求。

要点 19：离子式感烟火灾探测器的组成

离子感烟探测器是对能影响探测器内电离电流的燃烧物质所敏感的火灾探测器。即当烟参数影响电离电流并减少至设定值时，探测器动作，从而输出火灾报警信号。

离子感烟探测器是利用放射源——同位素 241Am（镅 241），根据电离原理将一个可进烟的气流式采样电离室和一个封闭式参考电离室相串联，并与模拟放大电路和电子开关电路等组合而成。

离子感烟探离室 KM 及电子线路或编码线路构成，如图 2-6 所示。在串联两个电离室两端直接接入 24V 直流电源。两个电离室形成一个分压器，两个电离室电压之和为 24V。外电离室是开孔的，烟可顺利通过；内电离室是封闭的，不能进烟，但能与周围环境缓慢相通，以补偿外电离室环境的变化对其工作状态发生的影响。

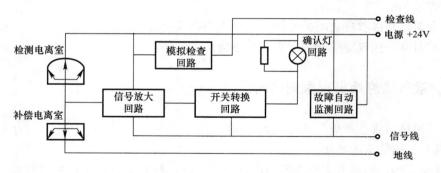

图 2-6　离子感烟探测器方框图

要点 20：离子式感烟火灾探测器的工作原理

当火灾发生时，烟雾进入采样电离室后，正、负离子会附着在烟颗粒上，由于烟粒子的质量远大于正、负离子的质量，所以正、负离子的定向运动速度减慢，电离电流减小，其等效电阻增加；而参考电离室内无烟雾进入，其等效电阻保持不变。这样就引起了两个

串联电离室的分压比改变，其伏安特性曲线变化规律
如图 2-7 所示，采样电离室的伏安特将由曲线①变为曲
线②，参考电离室的伏安特性曲线③保持不变。如果
电离电流从正常监视电流 I_1，减小到火灾检测电流 I_2，
则采样电离室端电压从 V_1 增加到 V_2，即采样电离室的
电压增量为：$\Delta V = V_2 - V_1$。

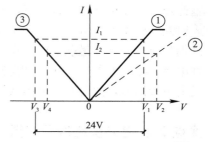

图 2-7　参考电离室与采样电离室
串联伏-安特性曲线表

当采样电离室电压增量 ΔV 达到预定报警值时，即
P 点的电位达到规定的电平时，通过模拟信号放大及
阻抗变换器①使双稳态触发器②翻转，即由截止状态
进入饱和导通状态，产生报警电流 I_A 推动底座上的驱动电路③。再通过驱动电路③使底
座上的报警确认灯④发光报警，并向其报警控制器发出报警信号。在探测器发出报警信号
时，报警电流一般不超过 100mA。另外采取了瞬时探测器工作电压的方式，以使火灾后
仍然处于报警状态的双稳态触发器②恢复到截止状态，达到探测器复位的目的。

通过调节灵敏度调节电路⑤即可改变探测器的灵敏度。一般在产品出厂时，探测器的
灵敏度已整定，在现场不得随意调节。

要点 21：散射型感烟探测器

散射型光电感烟探测器主要由光源、光接收器 A 与 B 以及电子线路（包括直流放大
器和比较器、双稳态触发器等线路）等组成。将光源（或称发光器）和光接收器在同一个
可进烟但能阻止外部光线射入的暗箱之中。当被探测现场无烟雾（即正常）时，光源发出
的光线全部被光接收器 A 所接收，而光接收器 B 接收的光信号为零，这时探测器无火灾
信号输出。当被探测现场有烟雾（即火灾）时，烟雾便进入暗箱。这时，烟颗粒使一些光
线散射而改变方向，其中有一部分光线入射到光接收器 B，并转变为相应的电信号；同时入
射到光接收器 A 的光线减少，其转变为相应的电信号减弱。当 A、B 转变的电信号增量达到
某一阈值时，经电子电路进行放大、比较，并使双稳电路状态翻转，即送出火警信号。

红外散射型光电感烟探测器的可靠性高，误报率小，其工作原理如图 2-8 所示。E 为
红外发射管，R 为红外光敏管（接收器），二者共装在同一可进烟的暗室中，并用一块黑

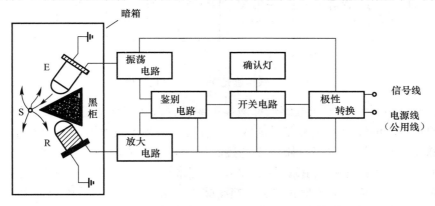

图 2-8　红外散射型光电感烟探测器工作原理

框遮隔开。在正常监视状态下，E 发射出一束红外光线，但由于有黑框遮隔，光线并不能入射到红外光敏管 R 上，故放大器无信号输出。当有烟雾进入探测器暗室时，红外光线遇到烟颗粒 S 而产生散射效应。在散射光线中，有些光线被红外光敏二极管接收，并产生脉冲电流，经放大器放大和鉴别电路比较后，输出开关信号，使开关电路（晶闸管）动作，发出报警信号，同时其报警确认灯点亮。

要点 22：遮光型感烟探测器

1. 点型遮光探测器

其结构原理如图 2-9 所示。它的主要部件也是由一对发光及受光元件组成。发光元件发出的光直接射到受光元件上，产生光敏电流，维持正常监视状态。当烟粒子进入烟室后，烟雾粒子对光源发出的光产生吸收和散射作用，使到达受光元件的光通量减小，从而使受光元件上产生的光电流降低。一旦光电流减小到规定的动作阈值时，经放大电路输出报警信号。

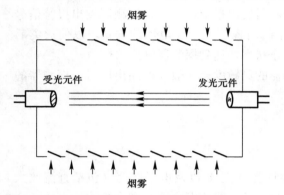

图 2-9　点型遮光探测器的结构原理

2. 线型遮光探测器

其原理与点型遮光探测器相似，仅在结构上有所区别。线型遮光探测器的结构原理，如图 2-10 所示。点型探测器中的发光及受光元件组合成一体，而线型探测器中，光束发射器和接收器分别为 2 个独立部分，不再设有光敏室，作为测量区的光路暴露在被保护的空间，并加长了许多倍。发射元件内装核辐射源及附件，而接受元件装有光电接收器及附件。按其辐射源的不同，线型遮光探测器可分成激光型及红外束型 2 种。

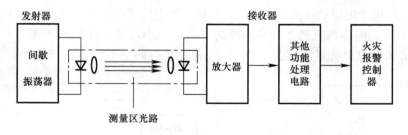

图 2-10　线型遮光探测器的结构原理

如图 2-11 所示为激光型光电感烟探测器的结构原理示意图。它是应用烟雾粒子吸收激光光束原理制成的线型感烟火灾探测器。发射机中的激光发射器在脉冲电源的激发下，发出一束脉冲激光，投射到接收器中光电接收器上，转变成电信号经放大后变为直流电平，它的大小反映了激光束辐射通量的大小。在正常情况下，控制警报器不发出警报。有烟时，激光束经过的通道中被烟雾粒子遮挡而减弱，光电接收器接受的激光束减弱，电信号减弱，直流电平下降。当下降到动作阈值时，报警器输出报警信号。

线型红外光束光电感烟探测器的基本结构与激光型光电感烟探测器的结构类似，也是由光源（发射器）、光线照准装置（光学系统）和接收器 3 部分组成。它是应用烟雾粒子吸收或散射红外光束而工作的，一般用于高举架、大空间等大面积开阔地区。

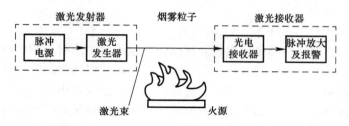

图 2-11　激光型光电感烟探测器的结构原理

发射器通过测量区向接收器提供足够的红外光束能量，采用间歇发射红外光，类似于光电感烟探测器中的脉冲发射方式，通常发射脉冲宽度 13μs，周期为 8ms。由间歇振荡器和红外发光管完成发射功能。

光线照准装置采用 2 块口径和焦距相同的双凸透镜分别作为发射透镜和接收透镜。红外发光管和接收硅光电二极管分别置于发射与接收端的焦点上，使测量区为基本平行光线的光路，并便于进行调整。

接收器由硅光电二极管作为探测光电转换元件，接收发射器发来的红外光信号，把光信号转换为电信号后进行放大处理，输出报警信号。接收器中还设有防误报、检查及故障报警等环节，以提高整个系统的可靠性。

要点 23：定温探测器

1. 双金属片定温探测器

双金属片定温探测器主要由吸热罩、双金属片及低熔点合金和电气接点等组成。双金属片是两种膨胀系数不同的金属片以及低熔点合金作为热敏感元件。在吸热罩的中部与特种螺钉用低熔点合金相焊接，特种螺钉又与顶杆相连接，其结构如图 2-12 所示。

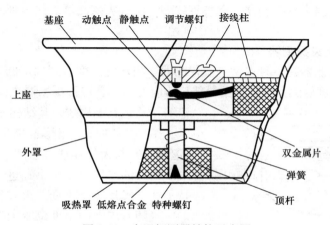

图 2-12　定温探测器结构示意图

如被监控现场发生火灾时，随着环境温度的升高，热敏元件双金属片渐渐向上弯曲；同时，当温衰高至标定温度（70～90℃）时，低熔点合金也熔化落下，释放螺钉，于是顶杆借助于弹簧的弹力，助推双金属片接通动、静触点，送出火警信号。

2. 缆式线型定温探测器

（1）普通缆式线型感温探测器

普通缆式线型感温探测器由两根相互扭绞的外包热敏绝缘材料的钢丝，塑料包带和塑料外护套等组成，其外形与一般导线相同。在正常时，两根钢丝之间的热敏绝缘材料相互绝缘，但被保护现场的缆线、设备等由于短路或过载而使线路中的某部分温度升高，并达到缆式线型感温探测器的动作温度后，在温升地点的两根导线间的热敏绝缘材料的阻抗值降低，即使两根钢丝间发生阻值变化的信号，经与其连接的监视器把模块（也称作输入模块）转变成相应的数字信号，通过二总线传送给报警控制器，发出报警信号。

（2）模拟缆式线型感温探测器

模拟缆式线型感温探测器有四根导线，在电缆外面有特殊的高温度系数的绝缘材料，并接成两个探测回路。当温度升高并达到动作温度时，其探测回路的等效电阻减小，发出火警信号。

缆式线型感温探测器适用于电缆沟内、电缆桥架、电缆竖井、电缆隧道等处对电缆进行火警监测，也可用于控制室、计算机房地板下、电力变压器、开关设备、生产流水线等处。电缆支架、电缆桥架上敷设缆式线型感温探测器（也称作热敏电缆）的长度可按下式计算：

$$L = xk \tag{2-1}$$

式中　L——缆式线型感温探测器长度（m）；

x——电缆桥架、电缆支架等长度（m）；

k——附加长度系数，这种缆式线型感温探测器一般以 S 型敷设在电缆的上方，用专用卡具固定即可。

要点 24：差温探测器

差温探测器是随着室内温度升高的速率达到预定值（差温）时响应的火灾探测器。按其原理分为膜盒差温火灾探测器、空气管线型差温火灾探测器、热电偶式线型差温火灾探测器等形式。

1. 膜盒差温火灾探测器

膜盒式差温探测器是一种点型差温探测器，当环境温度达到规定的升温速率以上时动作。它以膜盒为温度敏感元件，根据局部热效应而动作。这种探测器主要由感热室、膜片、泄漏孔及触点等构成，其结构示意图如图 2-13 所示。感热外罩与底座形成密闭气室，有一小孔（泄漏孔）与大气连通。当环境温度缓慢变化时，气室内外的空气对流由小孔进出，使内外压力保持平衡，膜片保持不变。火灾发生时，感热室内的空气随着周围的温度急剧上升、迅速膨胀而来不及从泄漏孔外逸，致使感热室内气压增高，膜

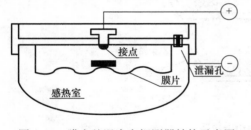

图 2-13　膜盒差温火灾探测器结构示意图

片受压使触点闭合，发出报警信号。

2. 空气管线型差温火灾探测器

空气管线型差温火灾探测器是一种线型（分布式）差温探测器。当较大控制范围内温度达到或超出所规定的某一升温速率时即动作。它根据广泛的热效应而动作。这种探测器主要由空气管、膜片、泄漏孔、检出器及触点等构成，其结构示意图如图 2-14 所示。其工作原理是：当环境升温速率达到或超出所规定的某一升温速率时，空气管内气体迅速膨胀传入探测器的膜片，产生高于环境的气压，从而使触点闭合，将升温速率信号转变为电信号输出，达到报警的目的。

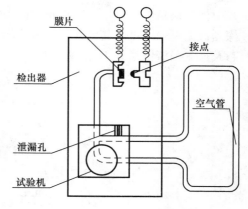

图 2-14 空气管线型差温火灾探测器结构示意图

3. 热电偶式线型差温火灾探测器

其工作原理是利用热电偶遇热后产生温差电动势，从而有温差电流，经放大传输给报警器。其结构示意图如图 2-15 所示。

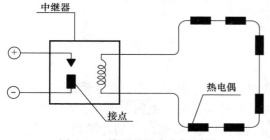

图 2-15 线型差温火灾探测器

要点 25：差定温探测器

差定温探测器是将差温式和定温式两种探测元件组合在一起的差定温组合式探测器，并同时兼有两种火灾报警功能（其中某一功能失效，另一功能仍起作用），以提高火灾报警的可靠性。

1. 机械式差定温探测器

差温探测部件与膜盒式差温探测器基本相同，但其定温部件又分为双金属片式与易熔合金式 2 种。差温探测器属于膜盒-易熔合金式差定温探测器。弹簧片的一端用低熔点合金焊在外罩内侧，当环境温度升到预定值时，合金熔化弹簧片弹回，压迫固定在波纹片上的弹性接触点（动触点）上移与固定触点接触，接通电源发出报警信号。

2. 电子式差定温探测器

以 JWDC 型差定温探测器为例，如图 2-16 所示。它共有 3 只热敏电阻（R_1，R_2，R_5），其阻值随温度上升而下降。R_1 及 R_2 为差温部分的感温元件，二者阻值相同，特性相似，但位置不同。R_1 布置于铜外壳上，对环境温度变化较敏感；R_2 位于特制金属罩内，对外境温度变化不敏感。当环境温度变化缓慢时，R_1 与 R_2 阻值相近，三极管 BG_1 截止；当发生火灾时，R_1 直接受热，电阻值迅速变小，而 R_2 响应迟缓，电阻值下降较小，使 A 点电位降低；当低到预定值时 BG_1 导通，随之 BG_3 导通输出低电平，发出报警信号。

定温部分由 BG_2 和 R_5 组成。当温度上升到预定值时，R_5 阻值降到动作阈值，使 BG_2 导通，随之 BG_3 导通而报警。

图中虚线部分为断线自动监控部分。正常时 BG_4 处于导通状态。如探测器的 3 根外引

71

线中任一根断线，BG₄ 立即截止，向报警器发出断线故障信号。此断线监控部分仅在终端探测器上设置即可，其他并联探测器均可不设。这样，其他并联探测器仍处于正常监控状态及火灾报警信号处于优先地位。

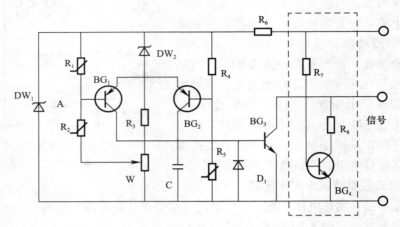

图 2-16　电子式差定温探测器电气工作原理

要点 26：红外感光探测器

　　红外感光探测器是利用火焰的红外辐射和闪灼效应进行火灾探测。由于红外光谱的波长较长，烟雾粒子对其吸收和衰减远比波长较短的紫外光及可见光弱。因此，在大量烟雾的火场，即使距火焰一定距离仍可使红外光敏元件响应，具有响应时间短的特点。此外，借助于仿智逻辑进行的智能信号处理，能确保探测器的可靠性，不受辐射及阳光照射的影响，因此，这种探测器误报少，抗干扰能力强，电路工作可靠，通用性强。

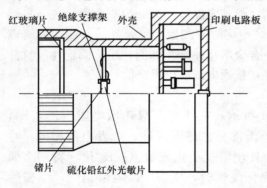

图 2-17　红外感光探测器的结构示意图

　　红外感光探测器的结构示意图，如图 2-17 所示。在红玻璃片后塑料支架中心处固定着红外光敏元件硫化铅（PbS），在硫化铅前窗口处加可见光滤片——锗片，鉴别放大和输出电路在探头后部印刷电路板上。

　　由于红外感光火灾探测器具有响应快的特点，因而它通常用于监视易燃区域的火灾发生，特别适用于没有熏燃阶段的燃料（如醇类、汽油等易燃气体仓库等）火灾的早期报警。

要点 27：紫外感光探测器

　　紫外感光火灾探测器就是利用火焰产生的强烈紫外辐射光来探测火灾的。当有机化合物燃烧时，其氢氧根在氧化反应中会辐射出强烈的紫外光。

紫外感光火灾探测器由紫外光敏管、透紫石英玻璃窗、紫外线试验灯、光学遮护板、反光环、电子电路及防爆外壳等组成，如图 2-18 所示。

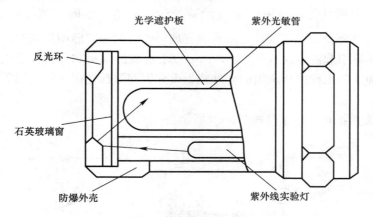

图 2-18　紫外感光火灾探测器结构示意图

紫外感光火灾探测器的敏感元件是紫外光敏管。紫外光敏管是一种火焰紫外线部分特别灵敏气体放电管，它相当于一个光电开关。紫外光敏管结构如图 2-19 所示，紫外光敏管由两根弯曲一定形状的且相互靠近的钼（M_o）或铂（P_t）丝作为电极，放入充满氦（He 元素，无色无臭，不易与其他元素化合，很轻）、氢等气体的密封玻璃管中制成的，平时虽然输入端加某一交流电压，但紫外光敏管并不导通，故三极管 T_1 截止，T_2 处于饱和导通状态，无火警信号输出。但当火灾发生时，由于不可见的紫外线辐射到钼或铂丝电极上，电极便发射电子，并在两电极间的电场中加速。这样被加速的电子在与玻璃管内的氦、氢气体分子碰撞时，使氦、氢电离，从而使两个钼丝或铂丝间导电，经过二极管

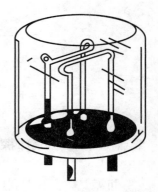

图 2-19　紫外光敏管
结构示意图

D 和电容器 C 进行半波整流滤波，A 点电位升高，使施密特触发器翻转，T_1 由截止变为饱和导通，T_2 则由饱和导通转为截止，即送出报警信号。

由于火焰中含有大量的紫外辐射，当紫外火焰探测器中的紫外光敏管接收到波长为 185～245nm 的紫外辐射时，光子能量激发金属内的自由电子，使电子逸出金属表面，在极间电场的作用下，电子加速向阳极运动。电子在高速运动的途中，撞击管内气体分子，使气体分子变成离子，这些带电的离子在电场的作用下，向电极高速运动，又能撞击更多的气体分子，引起更多的气体分子电离，直至管内形成雪崩放电，使紫外光敏管内阻变小，因而电流增加，使电子开关导通，形成输出脉冲信号前沿；由于电子开关导通，将把紫外光敏管的工作电压降低。当此电压低于起动电压时，紫外光敏管停止放电，使电流减少，从而使电子开关断开，形成输出脉冲信号的后沿。此后，电源电压通过 RC 电路充电，使紫外光敏管的工作电压升高，当达到或超过起动电压时，又重复上述过程。于是在极短的时间内，造成"雪崩"式的放电过程，从而使紫外光敏管由截止状态变成导通状态，驱动电路发出报警信号。

一般紫外光敏管只对 1900～2900Å 的紫外光起感应。因此，它能有效地探测出火焰而

又不受可见光和红外辐射的影响。太阳光中虽然存在强烈的紫外光辐射，但是由于在透过大气层时，被大气中的臭氧层大量吸收，到达地面的紫外光能量很低。而其他的新型电光源，如汞弧灯、卤钨灯等均辐射出丰富的紫外光，但是一般的玻璃能强烈吸收 2000～3000Å 范围内的紫外光，因而紫外光敏管对有玻璃外壳的一般照明灯光是不敏感的。已被广泛用于探测火灾引起的波长在 $0.2\sim0.3\mu m$ 以下的紫外辐射和作为大型锅炉火焰状态的监视元件。目前消防工程中所应用的紫外感光火灾探测器都是由紫外光敏管与驱动电路组合而成的。

紫外感光探测器电气原理图如图 2-20 所示。

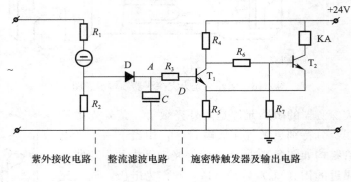

图 2-20　紫外感光探测器电气原理图

要点 28：可燃气体探测器

可燃气体探测器利用对可燃气体敏感的元件来探测可燃气体浓度，当可燃气体浓度达到危险值（超过限度）时报警。在火灾事例中，常有因可燃性气体，粉尘及纤维过量而引起爆炸起火的。因此，对一些可能产生可燃性气体或蒸气爆炸混合物的场所，应设置可燃性气体探测器，以便对其监测。可燃性气体探测器有催化型及半导体型 2 种。

1. 催化型可燃性气体探测器

可燃性气体检测报警器是由可燃性气体探测器和报警器 2 部分组成的。探测器利用难熔的铂丝加热后的电阻变化来测定可燃性气体浓度。它由检测元件、补偿元件及 2 个精密线绕电阻组成的 1 个不平衡电桥。检测元件和补偿元件是对称的热线型载体催化元件（即铂丝）。检测元件与大气相通，补偿元件则是密封的，当空气中无可燃性气体时，电桥平衡，探测器输出为 0。当空气中含有可燃性气体并扩散到检测元件上时，由于催化作用产生无焰燃烧，铂丝温度上升，电阻增大，电桥产生不平衡电流而输出电信号。输出电信号的大小与可燃性气体浓度成正比。当用标准气样对此电路中的指示仪表进行测定，即可测得可燃性气体的浓度值。一般取爆炸下限为 100%，报警点设定在爆炸浓度下限的 25%处。这种探测器不可用在含有硅酮和铅的气体中，为延长检测元件的寿命，在气体进入处装有过滤器。

2. 半导体型可燃气体探测器

该探测器采用灵敏度较高的气敏元件制成。对探测氢气、一氧化碳、甲烷、乙醚、乙醇、天然气等可燃性气体很灵敏。QN、QM 系列气敏元件是以二氧化锡材料掺入适量有用杂质，在高温下烧结成的多晶体。这种材料在一定温度下（250～300℃），遇到可燃性气体时，电阻减小；其阻值下降幅度随着可燃性气体的浓度而变化。根据材料的这一特性可将可燃性气体浓度的大小转换成电信号，再配以适当电路，就可对可燃性气体浓度进行监测和报警。

除了上述火灾探测器外，还有一种图像监控式火灾探测器。这种探测器采用电荷耦合器件（CCD）摄像机，将一定区域的热场和图像清晰度信号记录下来，经过计算机分析、判别和处理，确定是否发生火灾。如果判定发生了火灾，还可进一步确定发生火灾的地点、火灾程度等。

要点 29：可燃气体探测器的安装

可燃气体探测器的安装应符合下列要求：

（1）安装位置应根据探测气体密度确定。若其密度小于空气密度，探测器应位于可能出现泄漏点的上方或探测气体的最高可能聚焦点上方；若其密度大于或等于空气密度，探测器应位于可能出现泄漏点的下方。

（2）在探测器周围应适当留出更换和标定的空间。

（3）在有防爆要求的场所，应按防爆要求施工。

（4）线型可燃气体探测器安装时，应使发射器和接收器的窗口避免日光直射，且在发射器与接收器之间不应有遮挡物，两组探测器之间的距离不应大于 14m。

要点 30：火灾探测器的安装定位

虽然在设计图样中确定了火灾探测器的型号、数量和大体的分布情况，但在施工过程中还需要根据现场的具体情况来确定火灾探测器的位置。在确定火灾探测器的安装位置和方向时，首先要考虑功能的需要，另外也应考虑美观，考虑周围灯具、风口和横梁的布置。

（1）探测器至墙壁、梁边的水平距离，不应小于 0.5m，如图 2-21 所示。

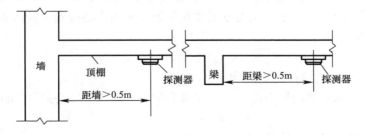

图 2-21　探测器至墙壁、梁边的水平距离

（2）探测器周围水平距离 0.5m 内，不应有遮挡物。

（3）探测器至空调送风口最近边的水平距离，不应小于 1.5m，如图 2-22 所示。

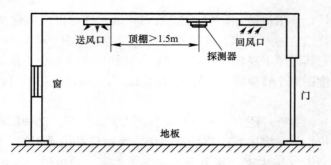

图 2-22　探测器至空调送风口边的水平距离

（4）在宽度小于 3m 的内走道顶棚上安装探测器时，宜居中安装。点型感温火灾探测器的安装间距，不应超过 10m；点型感烟火灾探测器的安装间距，不应超过 15m。探测器至端墙的距离，不应大于安装间距的一半，如图 2-23 所示。

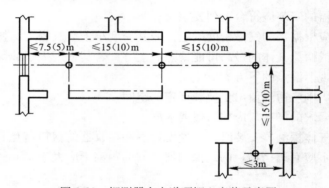

图 2-23　探测器在走道顶棚上安装示意图

要点 31：探测器安装间距的确定

现代建筑消防工程的设计中应根据建筑、土建及相关工种提供的图样、资料等条件，正确地布置火灾探测器。探测器的安装间距是指安装的相邻两个火灾探测器之间的水平距离，它由保护面积 A 和屋顶坡度 θ 决定。

火灾探测器的安装间距如图 2-24 所示，假定由点画线把房间分为相等的小矩形作为一个探测器的保护面积，通常把探测器安装在保护面积的中心位置。其探测器安装间距 a、b 应按公式（2-2）计算：

$$a = P/2, \quad b = Q/2 \tag{2-2}$$

式中　P、Q——分别为房间的宽度和长度。

如果使用多个探测器的矩形房间，则探测器的安装间距应按公式（2-3）计算：

$$a = P/n_1, \quad b = Q/n_2 \tag{2-3}$$

式中　n_1——每列探测器的数目；

n_2——每行探测器的数目。

探测器与相邻墙壁之间的水平距离应按公式（2-4）计算：

$$a_1 = [P - (n_1 - 1)a]/2, \quad b_1 = [P - (n_2 - 1)b]/2 \tag{2-4}$$

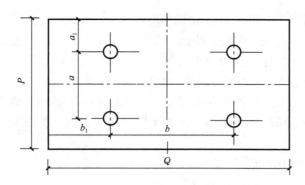

图 2-24　火灾探测器安装间距 a、b 示意图

在确定火灾探测器的安装距离时，还应注意几下几个问题：

（1）所计算的 a、b 不应超过图 2-25 中感烟、感温探测器的安装间距极限曲线 $D_1 \sim D_{11}$（含 D_9'）所规定的范围，同时还要满足以下关系：

$$ab \leqslant AK \tag{2-5}$$

式中　A——一个探测器的保护面积（m^2）；

　　　K——修正系数。

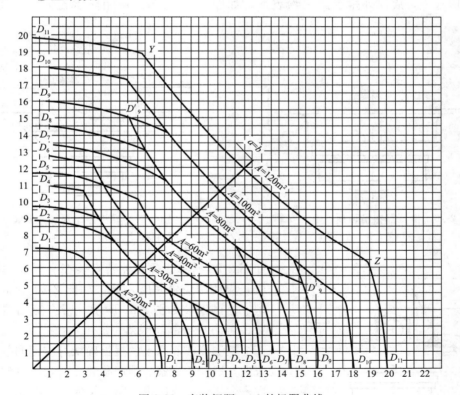

图 2-25　安装间距 a、b 的极限曲线

A——探测器的保护面积（m^2）；a、b——探测器的安装间距（m）；

$D_1 \sim D_{11}$（含 D_9'）——在不同保护面积 A 和保护半径 R 下确定探测器安装间距 a、b 的极限曲线；

Y、Z——极限曲线的端点（在 Y 和 Z 两点的曲线范围内，保护面积可得到充分利用）

（2）探测器至墙壁水平距离 a_1、b_1 均不应小于 0.5m。

（3）对于使用多个探测器的狭长房间，如宽度小于 3m 的内通道走廊等处，在顶棚设置探测器时，为了装饰美观，宜居中心线布置。可按最大保护半径 R 的 2 倍作为探测器的安装间距，取 $1R$ 为房间两端的探测器距端墙的水平距离。

（4）一般来说，感温探测器的安装间距不应超过 10m，感烟探测器的安装间距不应超过 15m，且探测器至端墙的水平距离不应大于探测器安装间距的一半。

要点 32：火灾探测器的固定

探测器由底座和探头两部分组成，属于精密电子仪器，在建筑施工交叉作业时，一定要保护好。在安装探测器时，应先安装探测器底座，待整个火灾报警系统全部安装完毕时，再安装探头并作必要的调整工作。

常用的探测器底座就其结构形式有普通底座、编码型底座、防爆底座、防水底座等专用底座；根据探测器的底座是否明、暗装，又可区分成直接安装和用预埋盒安装的形式。

探测器的明装底座有的可以直接安装在建筑物室内装饰吊顶的顶板上，如图 2-26 所示。需要与专用盒配套安装或用 86 系列灯位盒安装的探测器，盒体要与土建工程配合，预埋施工，底座外露于建筑物表面，如图 2-27 所示。使用防水盒安装的探测器，

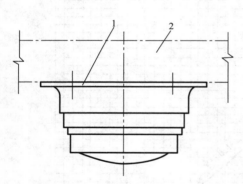

图 2-26 探测器在吊顶顶板上的安装
1—探测器；2—吊顶顶板

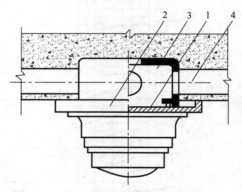

图 2-27 探测器用预埋盒安装
1—探测器；2—底座；3—预埋盒；4—配管

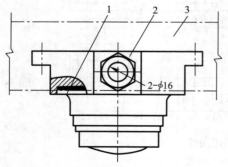

图 2-28 探测器用 FS 型防水盒安装
1—探测器；2—防水盒；3—吊顶或天花板

如图 2-28 所示。探测器若安装在有爆炸危险的场所，应使用防爆底座，做法如图 2-29 所示。编码型底座的安装如图 2-30 所示，带有探测器锁紧装置，可防止探测器脱落。

探测器或底座上的报警确认灯应面向主要入口方向，以便于观察。顶埋暗装盒时，应将配管一并埋入，用钢管时应将管路连接成一导电通路。

在吊顶内安装探测器，专用盒、灯位盒应安装在顶板上面，根据探测器的安装位置，先在顶板上钻个小孔，再根据孔的位置，将灯位盒与配管连接

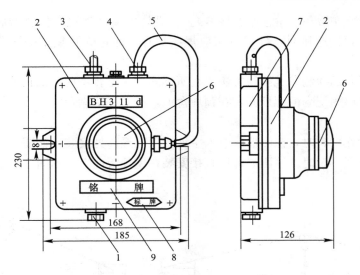

图 2-29　用 BHJW—1 型防爆底座安装感温式探测器

1—备用接线封口螺帽；2—壳盖；3—用户自备线路电缆；4—探测器安全火花电路外接电缆封口螺帽；
5—安全火花电路外接电缆；6—二线制感温探测器；7—壳体；8—"断电后方可启盖"标牌；9—铭牌

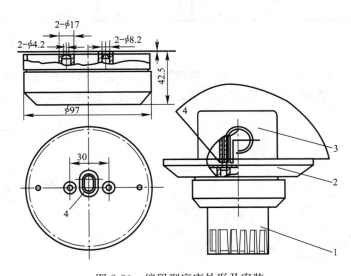

图 2-30　编码型底座外形及安装

1—探测器；2—装饰圈；3—接线盒；4—穿线孔

好，配至小孔位置，将保护管固定在吊顶的龙骨上或吊顶内的支、吊架上。灯位盒应紧贴在顶板上面，然后对顶板上的小孔扩大，扩大面积应不大于盒口面积。

由于探测器的型号、规格繁多，其安装方式各异，故在施工图下发后，应仔细阅读图纸和产品样本，了解产品的技术说明书，做到正确地安装，达到合理使用的目的。

要点 33：火灾探测器的接线与安装

探测器的接线其实就是探测器底座的接线，安装探测器底座时，应先将预留在盒内的导线剥出线芯 10~15mm（注意保留线号）。将剥好的线芯连接在探测器底座各对应的接线端子上，需要焊接连接时，导线剥头应焊接焊片，通过焊片接于探测器底座的接线端子上。

不同规格型号的探测器其接线方法也有所不同，一定要参照产品说明书进行接线。接线完毕后，将底座用配套的螺栓固定在预埋盒上，并上好防潮罩。按设计图检查无误后再拧上。

当房顶坡度 $\theta > 15°$ 时，探测器应在人字坡屋顶下最高处安装，如图 2-31 所示。

当房顶坡度 $\theta \leqslant 45°$ 时，探测器可以直接安装在屋顶板面上，如图 2-32 所示。

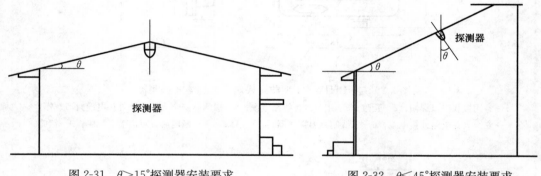

图 2-31　$\theta > 15°$ 探测器安装要求　　　　　图 2-32　$\theta \leqslant 45°$ 探测器安装要求

锯齿形屋顶，当 $\theta > 15°$ 时，应在每个锯齿屋脊下安装一排探测器，如图 2-33 所示。

当房顶坡度 $\theta > 45°$ 时，探测器应加支架，水平安装，如图 2-34 所示。

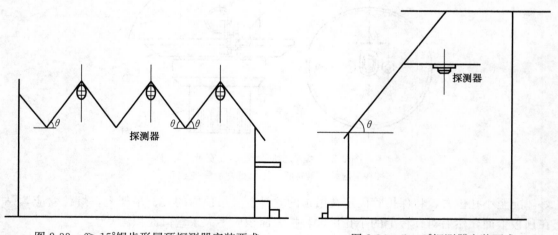

图 2-33　$\theta > 15°$ 锯齿形屋顶探测器安装要求　　　图 2-34　$\theta > 45°$ 探测器安装要求

探测器确认灯，应面向便于人员观测的主要入口方向，如图 2-35 所示。

在电梯井、管道井、升降井处，可以只在井道上方的机房顶棚上安装一只感烟探测器。在楼梯间、斜坡式走道处，可按垂直距离每 15m 高处安装一只探测器，如图 2-36 所示。

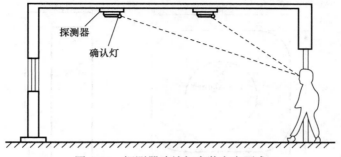

图 2-35　探测器确认灯安装方向要求

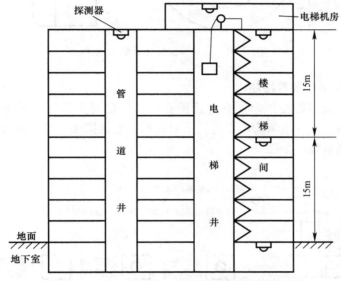

图 2-36　井道、楼梯间、走道等处探测器安装要求

在无吊顶的大型桁架结构仓库，应采用管架将探测器悬挂安装，下垂高度应按实际需要选取。当使用烟感探测器时，应该加装集烟罩，如图 2-37 所示。

当房间被书架、设备等物品隔断时，如果分隔物顶部至顶棚或梁的距离小于房间净高的 5％，则每个被分割部分至少安装一只探测器。

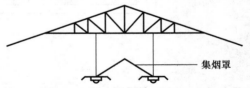

图 2-37　桁架结构仓库探测器安装要求

要点 34：手动报警按钮的分类

手动报警按钮按是否带电话可分为普通型和带电话插孔型，按是否带编码可分为编码型和非编码型，其外形示意如图 2-38 所示。

1. 普通型手动报警按钮

普通型手动报警按钮操作方式一般为人工手动压下玻璃（一般为可恢复型），分为带编码型和不带编码型（子型），编码型手动报警按钮通常可带数个子型手动报警按钮。

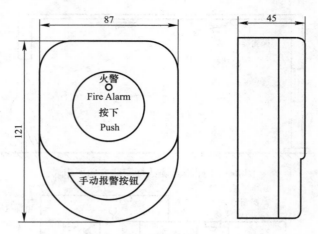

图 2-38　手动报警按钮外形示意图

2. 带电话插孔手动报警按钮

　　带电话插孔手动报警按钮附加有电话插孔，以供巡逻人员使用手持电话机插入插孔后，可直接与消防控制室或消防中心进行电话联系。电话接线端子一般连接于二线制（非编码型）消防电话系统，如图 2-39 所示。

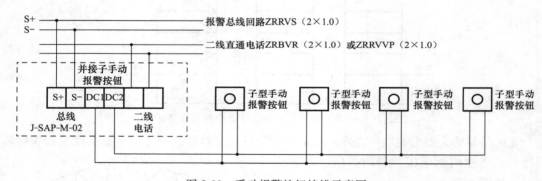

图 2-39　手动报警按钮接线示意图

要点 35：手动报警按钮的布线

　　手动报警按钮接线端子如图 2-40 及图 2-41 所示。
　　图中各端子的意义见表 2-4。

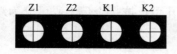

图 2-40　手动报警按钮（不带插孔）
　　　　　接线端子

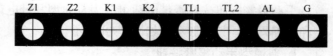

图 2-41　手动报警按钮（带消防电话插孔）接线端子

手动报警按钮各端子的意义　　　　　　　　　　　　　　　　　　表 2-4

端子名称	端子的作用	布线要求
Z1、Z2	无极性信号二总线端子	布线时 Z1、Z2 采用 RVS 双绞线，导线截面≥1.0mm²
	与控制器信号弹二总线连接的端子	布线时信号 Z1、Z2 采用 RVS 双绞线，截面积≥1.0mm²
K1、K2	无源常开输出端子	—
	DC24V 进线端子及控制线输出端子，用于提供直流 24V 开关信号	—
AL、G	与总线制编码电话插孔连接的报警请求线端子	报警请求线 AL、G 采用 BV 线，截面积≥1.0mm²
TL1、TL2	与总线制编码电话插孔或多线制电话主机连接音频接线端子	消防电话线 TL1、TL2 采用 RVVP 屏蔽线，截面积≥1.0mm²

要点 36：手动报警按钮的作用和工作方式

手动报警按钮是消防报警及联动控制系统中必备的设备之一。它具有确认火情或人工发出火警信号的特殊作用。当人们发现火灾后，可通过装于走廊、楼梯口等处的手动报警按钮进行人工报警。手动报警按钮为装于金属盒内的按键，一般将金属盒嵌入墙内，外露红色边框的保护罩。人工确认火灾后，敲破保护罩，将键按下，此时，一方面就地的报警设备（如火警讯响器、火警电铃）动作；另一方面手动信号被送到区域报警器，发出火灾报警。像探测器一样，手动报警按钮也在系统中占有一个部位号。有的报警按钮还具有动作指示，接收返回信号等功能。

手动报警按钮的报警紧急程度比探测器高，一般不需确认。所以手动报警按钮要求更可靠、更确切，处理火灾要求更快。手动报警按钮宜与集中报警器连接，且单独占用一个部位号。因为集中报警控制器在消防室内，能更快采取措施，所以当没有集中报警器时，它才接入区域报警器，但应占用一个部位号。

要点 37：手动报警按钮的安装

报警区域内每个防火分区，应至少设置 1 只手动火灾报警按钮。从 1 个防火分区内的任何位置到最邻近的 1 个手动火灾报警按钮的步行距离，应不大于 30m。手动火灾报警按钮宜设置在公共活动场所的出入口，如大厅、过厅、餐厅、多功能厅等主要公共场所的出入口；各楼层的电梯间、电梯前室、主要通道等。

手动火灾报警按钮应安装在明显的和便于操作的部位。当安装在墙上时，其底边距地（楼）面高度宜为 1.3～1.5m 处，且在其端部应有明显的标志。

安装时，有的还应有预埋接线盒，手动报警按钮应安装牢固，且不得倾斜。为了便于调试、维修，手动报警按钮外接导线，应留有 10cm 以上的余量，且在其端部应有明显标志。手动报警按钮底盒背面和底部各有一个敲落孔，可明装也可暗装，明装时可将底盒装在预埋盒上；暗装时可将底盒装进埋入墙内的预埋盒里，如图 2-42 所示。

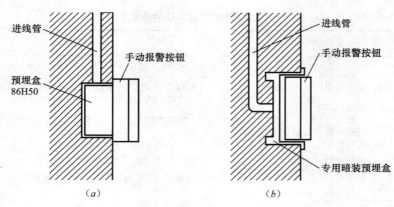

图 2-42　手动报警按钮安装示意图

(a) 明装；(b) 暗装

要点 38：火灾报警控制器的分类

1. 按使用环境分类

（1）陆用型火灾报警控制器：建筑物内或其附近安装的，系统中通用的火灾报警控制器。陆用型火灾报警控制器是最通用的火灾报警控制器。

（2）船用型火灾报警控制器：船用型火灾报警控制器用于船舶、海上作业。其技术性能指标相应提高，例如工作环境温度、湿度、耐腐蚀、抗颠簸等要求高于陆用型火灾报警控制器。

根据国家标准，其技术性能指标要求较高，如其工作环境温度、湿度要求均高于陆用型火灾报警控制器。

2. 按其防爆性能分类

（1）非防爆型火灾报警控制器：无防爆性能，目前民用建筑中使用的绝大部分火灾报警控制器就属于这一类。

（2）防爆型火灾报警控制器：有防爆性能，常用于有防爆要求的场所，如石油，化工企业用的工业型火灾报警控制器。其性能指标应同时满足《火灾报警控制器》（GB 4717—2005）及《防爆产品技术性能要求》两个国家标准的要求。

3. 按内部电路设计分类

（1）普通型火灾报警控制器：普通型火灾报警控制器电路设计采用通用逻辑组合型式。具有成本低廉、使用简单等特点，易于实现标准单元的插板组合方式进行功能扩展，其功能一般较简单。

（2）微机型火灾报警控制器：微机型火灾报警控制器电路设计采用微机结构，对硬件和程序软件均有相应要求。具有功能展方便，技术要求复杂、硬件可靠性高等特点，是火灾报警控制器设计发展的首选型式。

4. 按系统布线方式分类

（1）多线制火灾报警控制器：多线制（也称为二线制）报警控制器按用途分为区域报警控制器和集中报警控制器两种。区域报警控制器（总根数为 $n+1$），以进行区域范围内的火灾监测和报警工作。因此每台区域报警控制器与其区域内的控制器等正确连接后，经过严格调试验收合格后，就构成了完整独立的火灾自动报警系统，因此区域报警控制器是多线制火灾自动报警系统的主要设备之一。而集中报警控制器则是连接多台区域报警控制器，收集处理来自各区域报警器送来的报警信号，以扩大监控区域范围。所以集中控制器主要用于监探器容量较大的火灾自动报警系统中。

多线制火灾报警控制器的探测器与控制器的连接采用一一对应方式。每个探测器至少有一根线与控制器连接，因此其连线较多，仅适用于小型火灾自动报警系统。

（2）总线制火灾报警控制器：总线制火灾报警控制器是与智能型火灾探测器和模块相配套，采用总线接线方式，有二总线、三总线等不同型式，通过软件编程，分布式控制。同时系统采用国际标准的 CAN、RS485、RS323 接口，实现主网（即主机与各从机之间）、从网（即各控制器与火灾显示盘之间）及计算机、打印机的通信，使系统成为集报警、监视和控制为一体的大型智能化火灾报警控制系统。

控制器与探测器采用总线（少线）力式连接。所有探测器均并联或串联在总线上（一般总线数量为 2～4 根），具有安装、调试、使用方便，工程造价较低的特点，适用于大型火灾自动报警系统。目前总线制火灾自动报警系统已经在工程中得到普遍使用。

5. 按信号处理方式分类

（1）有阈值火灾报警控制器：使用有阈值火灾探测器，处理的探测信号为阶跃开关量信号，对火灾探测器发出的火灾报警信号不能进行进一步的处理，火灾报警取决于探测器。

（2）无阈值火灾报警控制器：基本使用无阈值火灾探测器，处理的探测信号为连续的模拟量信号。其报警主动权掌握在控制器方面，可以具有智能结构，是将来火灾报警控制器的发展方向。

6. 按控制范围分类

（1）区域报警控制器：区域报警控制器由输入回路、声报警单元、自动监控单元、光报警单元、手动检查试验单元、输出回路和稳压电源及备用电源等组成。

控制器直接连接火灾探测器，处理各种报警信息，是组成自动报警系统最常用的设备之一。区域火灾报警控制器主要功能有：供电功能、火警记忆功能、消声后再声响功能、输出控制功能、监视传输线切断功能、主备电源自动转换功能、熔丝烧断告警功能、火警优先功能和手动检查功能。

（2）集中报警控制器：集中报警控制器由输入回路、声报警单元、自动监控单元、光报警单元、手动检查试验单元和稳压电源、备用电源等电源组成。

集中报警控制器一般不与火灾探测器相连，而与区域火灾报警控制器相连。处理区域级火灾报警控制器送来的报警信号，常使用在较大型系统中。

集中火灾报警控制器的电路除输入单元和显示单元的构成和要求与区域火灾报警控制器有所不同外，其基本组成部分与区域火灾报警控制器大同小异。

（3）通用火灾报警控制器：通用火灾报警控制器兼有区域，集中两级火灾报警控制器的双重特点。通过设置或修改某些参数（可以是硬件或者是软件方面），既可作区域级使用，连接探测器，又可作集中级使用，连接区域火灾报警控制器。

7. 按其容量分类

（1）单路火灾报警控制器：单路火灾报警控制器仅处理一个回路的探测器工作信号，

通常仅用在某些特殊的联动控制系统。

（2）多路火灾报警控制器：多路火灾报警控制器能同时处理多个回路的探测器工作信号，并显示具体报警部位。它的性能价格比较高，是目前最常见的使用类型。

8. 按结构型式分类

（1）壁挂式火灾报警控制器：一般来说，壁挂式火灾报警控制器的连结探测器回路数相应少一些。控制功能较简单，通常区域火灾报警控制器常采用这种结构。

（2）台式火灾报警控制器：台式火灾报警控制器连接探测器回路数较多，联动控制功能较复杂。操作使用方便，一般常见于集中火灾报警控制器。

（3）柜式火灾报警控制器：柜式火灾报警控制器与台式火灾报警控制器基本相同。内部电路结构多设计成插板组合式，易于功能扩展。

要点 39：火灾报警控制器的接线

对于不同厂家生产的不同型号的火灾报警控制器其线制各异，如三线制、四线制、两线制、全总线制及二总线制等。传统的有两线制和现代的全总线制、二总线制三种。

1. 两线制

两线制接线，其配线较多，自动化程度较低，大多在小系统中应用，目前已很少使用。两线制接线如图 2-43 所示。

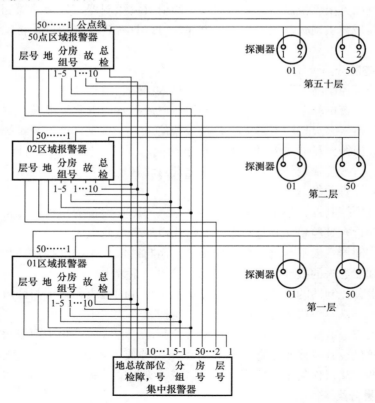

图 2-43　两线制接线

因生产厂家的不同，其产品型号也不完全相同，两线制的接线计算方法有所区别，以下介绍的计算方法具有一般性。

（1）区域报警控制器的配线

区域报警控制器既要与其区域内的探测器连接，有可能要与集中报警控制器连接。

区域报警控制器输出导线是指该台区域报警控制器与配套的集中报警控制器之间连接导线的数目。区域报警控制器的输出导线根数为：

$$N_0 = 10 + n/10 + 4 \tag{2-6}$$

式中　10——与集中报警控制器连接的火警信号线数；

　　　$n/10$——巡检分组线（取整数），n 为报警回路；

　　　4——层巡线、故障线、地线和总检线各一根。

（2）集中报警控制器的配线

集中报警控制器配线根数是指与其监控范围内的各区域报警控制器之间的连接导线。其配线根数为：

$$Q_i = 10 + n/10 + m + 3 \tag{2-7}$$

式中　Q——集中报警控制器的配线根数；

　　　$n/10$——巡检分组线；

　　　m——层巡（层号）线；

　　　3——故障信号线 1 根、总检线 1 根、地线 1 根。

2. 全总线制

全总线制接线方式大系统中显示出其明显的优势，接线非常简单，大大缩短了施工工期。

区域报警器输入线为 5 根，即 P、S、T、G 及 V 线，即电源线、信号线、巡检控制线、回路地线及 DC24V 线。

区域报警器输出线数等于集中报警器接出的六条总线，即 P_0、S_0、T_0、G_0、C_0、D_0，C_0 为同步线，D_0 为数据线。所以称之为四全总线（或称总线）是因为该系统中所使用的探测器、手动报警按钮等设备均采用 P、S、T、G 四根出线引至区域报警器上，如图 2-44 所示。

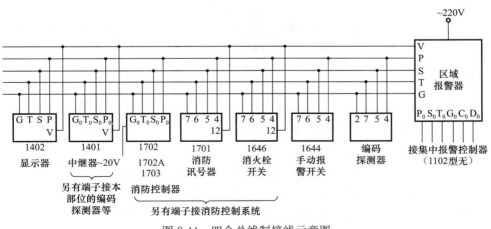

图 2-44　四全总线制接线示意图

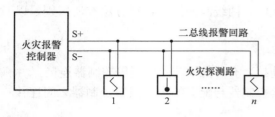

图 2-45 二总线制连接方式

3. 二总线制

二总线制（共 2 根导线）其系统接线示意如图 2-45 所示。其中 S_ 为公共地线；则 S_+ 同时完成供电、选址、自检、报警等多种功能的信号传输。其优点是接线简单、用线量较少。现已广泛采用，特别是目前逐步应用的智能型火灾报警系统更是建立在二总线制的运行机制上。

要点 40：火灾报警控制器的基本功能

1. 火灾报警功能

（1）控制器应能直接或间接地接收来自火灾探测器及其他火灾报警触发器件的火灾报警信号，发出火灾报警声、光信号，指示火灾发生部位，记录火灾报警时间，并予以保持，直至手动复位。

（2）当有火灾探测器火灾报警信号输入时，控制器应在 10s 内发出火灾报警声、光信号。对来自火灾探测器的火灾报警信号可设置报警延时，其最大延时不应超过 1min，延时期间应有延时光指示，延时设置信息应能通过本机操作查询。

（3）当有手动火灾报警按钮报警信号输入时，控制器应在 10s 内发出火灾报警声、光信号，并明确指示该报警是手动火灾报警按钮报警。

（4）控制器应有专用火警总指示灯（器）。控制器处于火灾报警状态时，火警总指示灯（器）应点亮。

（5）火灾报警声信号应能手动消除，当再有火灾报警信号输入时，应能再次启动。

（6）控制器采用字母（符）-数字显示时，还应满足下述要求：

1）应能显示当前火灾报警部位的总数。

2）应采用下述方法之一显示最先火灾报警部位：

① 用专用显示器持续显示。

② 如未设专用显示器，应在共用显示器的顶部持续显示。

3）后续火灾报警部位应按报警时间顺序连续显示。当显示区域不足以显示全部火灾报警部位时，应按顺序循环显示；同时应设手动查询按钮（键），每手动查询一次，只能查询一个火灾报警部位及相关信息。

（7）控制器需要接收来自同一探测器（区）两个或两个以上火灾报警信号才能确定发出火灾报警信号时，还应满足下述要求：

1）控制器接收到第一个火灾报警信号时，应发出火灾报警声信号或故障声信号，并指示相应部位，但不能进入火灾报警状态。

2）接收到第一个火灾报警信号后，控制器在 60s 内接收到要求的后续火灾报警信号时，应发出火灾报警声、光信号，并进入火灾报警状态。

3）接收到第一个火灾报警信号后，控制器在 30min 内仍未接收到要求的后续火灾报警信号时，应对第一个火灾报警信号自动复位。

（8）控制器需要接收到不同部位两只火灾探测器的火灾报警信号才能确定发出火灾报警信号时，还应满足下述要求：

1）控制器接收到第一只火灾探测器的火灾报警信号时，应发出火灾报警声信号或故障声信号，并指示相应部位，但不能进入火灾报警状态。

2）控制器接收到第一只火灾探测器火灾报警信号后，在规定的时间间隔（不小于5min）内未接收到要求的后续火灾报警信号时，可对第一个火灾报警信号自动复位。

（9）控制器应设手动复位按钮（键），复位后，仍然存在的状态及相关信息均应保持或在20s内重新建立。

（10）控制器火灾报警计时装置的日计时误差不应超过30s，使用打印机记录火灾报警时间时，应打印出月、日、时、分等信息，但不能仅使用打印机记录火灾报警时间。

（11）具有火灾报警历史事件记录功能的控制器应能至少记录999条相关信息，且在控制器断电后能保持信息14d。

（12）通过控制器可改变与其连接的火灾探测器响应阈值时，对探测器设定的响应阈值应能手动可查。

（13）除复位操作外，对控制器的任何操作均不应影响控制器接收和发出火灾报警信号。

2. 火灾报警控制功能

（1）控制器在火灾报警状态下应有火灾声和/或光警报器控制输出。

（2）控制器可设置其他控制输出（应少于6点），用于火灾报警传输设备和消防联动设备等设备的控制，每一控制输出应有对应的手动直接控制按钮（键）。

（3）控制器在发出火灾报警信号后3s内应启动相关的控制输出（有延时要求时除外）。

（4）控制器应能手动消除和启动火灾声和/或光警报器的声警报信号，消声后，有新的火灾报警信号时，声警报信号应能重新启动。

（5）具有传输火灾报警信息功能的控制器，在火灾报警信息传输期间应有光指示，并保持至复位，如有反馈信号输入，应有接收显示对于采用独立指示灯（器）作为传输火灾报警信息显示的控制器，如有反馈信号输入，可用该指示灯（器）转为接收显示，并保持至复位。

（6）控制器发出消防联动设备控制信号时，应发出相应的声光信号指示，该光信号指示不能被覆盖且应保持至手动恢复；在接收到消防联动控制设备反馈信号10s内应发出相应的声光信号，并保持至消防联动设备恢复。

（7）如需要设置控制输出延时，延时应按下述方式设置：

1）对火灾声和/或光警报器及对消防联动设备控制输出的延时，应通过火灾探测器和/或手动火灾报警按钮和/或特定部位的信号实现。

2）控制火灾报警信息传输的延时应通过火灾探测器和/或特定部位的信号实现。

3）延时应不超过10min，延时时间变化步长不应超过1min。

4）在延时期间，应能手动插入或通过手动火灾报警按钮而直接启动输出功能。

5）任一输出延时均不应影响其他输出功能的正常工作，延时期间应有延时光指示。

（8）当控制器要求接收来自火灾探测器和/或手动火灾报警按钮的1个以上火灾报警

信号才能发出控制输出时，当收到第一个火灾报警信号后，在收到要求的后续火灾报警信号前，控制器应进入火灾报警状态；但可设有分别或全部禁止对火灾声和/或光警报器、火灾报警传输设备和消防联动设备输出操作的手段。禁止对某一设备输出操作不应影响对其他设备的输出操作。

（9）控制器在机箱内设有消防联动控制设备时，即火灾报警控制器（联动型），还应满足《消防联动控制系统》（GB 16806—2006）相关要求，消防联动控制设备故障应不影响控制器的火灾报警功能。

3. 故障报警功能

（1）控制器应设专用故障总指示灯（器），无论控制器处于何种状态，只要有故障信号存在，该故障总指示灯（器）应点亮。

（2）当控制器内部、控制器与其连接的部件间发生故障时，控制器应在100s内发出与火灾报警信号有明显区别的故障声、光信号，故障声信号应能手动消除，再有故障信号输入时，应能再启动；故障光信号应保持至故障排除。

（3）控制器应能显示下述故障的部位：

1）控制器与火灾探测器、手动火灾报警按钮及完成传输火灾报警信号功能部件间连接线的断路、短路（短路时发出火灾报警信号除外）和影响火灾报警功能的接地，探头与底座间连接断路。

2）控制器与火灾显示盘间连接线的断路、短路和影响功能的接地。

3）控制器与其控制的火灾声和/或光警报器、火灾报警传输设备和消防联动设备间连接线的断路、短路和影响功能的接地。

其中1）、2）两项故障在有火灾报警信号时可以不显示，3）项故障显示不能受火灾报警信号影响。

（4）控制器应能显示下述故障的类型：

1）给备用电源充电的充电器与备用电源间连接线的断路、短路。

2）备用电源与其负载间连接线的断路、短路。

3）主电源欠压。

（5）控制器应能显示所有故障信息。在不能同时显示所有故障信息时，未显示的故障信息应手动可查。

（6）当主电源断电，备用电源不能保证控制器正常工作时，控制器应发出故障声信号并能保持1h以上。

（7）对于软件控制实现各项功能的控制器，当程序不能正常运行或存储器内容出错时，控制器应有单独的故障指示灯显示系统故障。

（8）控制器的故障信号在故障排除后，可以自动或手动复位。复位后，控制器应在100s内重新显示尚存在的故障。

（9）任一故障均不应影响非故障部分的正常工作。

（10）当控制器采用总线工作方式时，应设有总线短路隔离器。短路隔离器动作时，控制器应能指示出被隔离部件的部位号。当某一总线发生一处短路故障导致短路隔离器动作时，受短路隔离器影响的部件数量不应超过32个。

4. 自检功能

（1）控制器应能检查本机的火灾报警功能（以下称自检），控制器在执行自检功能期间，受其控制的外接设备和输出接点均不应动作。控制器自检时间超过 1min 或其不能自动停止自检功能时，控制器的自检功能应不影响非自检部位、探测区和控制器本身的火灾报警功能。

（2）控制器应能手动检查其面板所有指示灯（器）、显示器的功能。

（3）具有能手动检查各部位或探测区火灾报警信号处理和显示功能的控制器，应设专用自检总指示灯（器），只要有部位或探测区处于检查状态，该自检总指示灯（器）均应点亮，并满足下述要求：

1）控制器应显示（或手动可查）所有处于自检状态中的部位或探测区。

2）每个部位或探测区均应能单独手动启动和解除自检状态。

3）处于自检状态的部位或探测区不应影响其他部位或探测区的显示和输出，控制器的所有对外控制输出接点均不应动作（检查声和/或光警报器警报功能时除外）。

5. 信息显示与查询功能

控制器信息显示按火灾报警、监管报警及其他状态顺序由高至低排列信息显示等级，高等级的状态信息应优先显示，低等级状态信息显示不应影响高等级状态信息显示，显示的信息应与对应的状态一致且易于辨识。当控制器处于某一高等级状态显示时，应能通过手动操作查询其他低等级状态信息，各状态信息不应交替显示。

6. 电源功能

（1）控制器的电源部分应具有主电源和备用电源转换装置。当主电源断电时，能自动转换到备用电源；主电源恢复时，能自动转换到主电源；应有主、备电源工作状态指示，主电源应有过流保护措施。主、备电源的转换不应使控制器产生误动作。

（2）控制器至少一个回路按设计容量连接真实负载，其他回路连接等效负载，主电源容量应能保证控制器在下述条件下连续正常工作 4h：

1）控制器容量不超过 10 个报警部位时，所有报警部位均处于报警状态。

2）控制器容量超过 10 个报警部位时，20％的报警部位（不少于 10 个报警部位，但不超过 32 个报警部位）处于报警状态。

（3）控制器至少一个回路按设计容量连接真实负载，其他回路连接等效负载。备用电源在放电至终止电压条件下，充电 24h，其容量应可提供控制器在监视状态下工作 8h 后，在下述条件下工作 30min：

1）控制器容量不超过 10 个报警部位时，所有报警部位均处于报警状态。

2）控制器容量超过 10 个报警部位时，1/15 的报警部位（不少于 10 个报警部位，但不超过 32 个报警部位）处于报警状态。

（4）当交流供电电压变动幅度在额定电压（220V）的 110％和 85％范围内，频率为 50Hz±1Hz 时，控制器应能正常工作。在（2）的规定条件下，其输出直流电压稳定度和负载稳定度应不大于 5％。

（5）采用总线工作方式的控制器至少一个回路按设计容量连接真实负载（该回路用于连接真实负载的导线为长度 1000m，截面积 $1.0mm^2$ 的铜质绞线，或生产企业声明的连接条件），其他回路连接等效负载，同时报警部位的数量应不少于 10 个。

要点 41：智能火灾报警控制器

随着技术的不断革新，新一代的火灾报警控制器层出不穷，其功能更加强大、操作更加简便。

1. 火灾报警控制器的智能化

火灾报警控制器采用大屏幕汉字液晶显示，清晰直观。除可显示各种报警信息外，还可显示各类图形。报警控制器可直接接收火灾探测器传送的各类状态信号，通过控制器可将现场火灾探测器设置成信号传感器，并将传感器采集到的现场环境参数信号进行数据及曲线分析，为更准确地判断现场是否发生火灾提供了有利的工具。

2. 报警及联动控制一体化

控制器采用内部并行总线设计、积木式结构，容量扩充简单方便。系统可采用报警和联动共线式布线，也可采用报警和联动分线式布线，适用于目前各种报警系统的布线方式，彻底解决了变更产品设计带来的原设计图纸改动的问题。

3. 数字化总线技术

探测器与控制器采用无极性信号二总线技术，通过数字化总线通信，控制器可方便地设置探测器的灵敏度等工作参数，查阅探测器的运行状态。由于采用二总线，整个报警系统的布线极大简化，便于工程安装、线路维修，降低了工程造价。系统还设有总线故障报警功能，随时监测总线工作状态，保证系统可靠工作。

第二节　消防联动控制系统安装

要点 42：消防联动控制模块

联动控制模块是集控制和计算机技术的现场消防设备的监控转换模块，在消防控制中心远方直接手动或联动控制消防设备的启停运行，或通过输入模块监视消防设备的运行状态。

1. 总线联动控制模块

总线控制模块是采用二总线制方式控制的一次动作的电子继电器，如只控制启动或只控制停止等。主要用于排烟口、排烟阀、送风口、防火阀、非消防电源切断等一次动作的一般消防设备。总线控制模块连接于报警控制器的报警总线回路上，可由消防控制室进行联动或远方手动控制现场设备。

HJ-1825 总线联动控制模块的接线端子图如图 2-46 所示。输出接点用来联动控制消防设备的动作；无源反馈用于现场设备动作状态的信号反馈；并配置有 DC24V 直流电源，与本继电器（总线联动控制模块）输出接点组合接成有源输出控制电路。

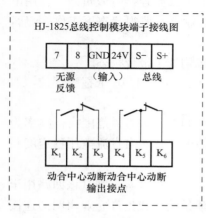

图 2-46　总线控制模块

总线控制模块与所控设备的接线示意如图 2-47 所示。

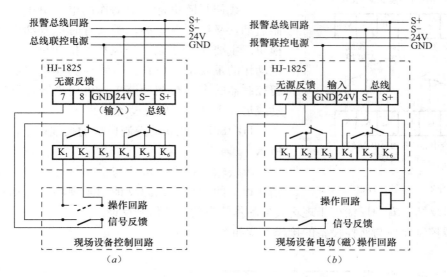

图 2-47 总线控制模块接线示意图

(a) 无源接线控制；(b) 有源接线控制

用 LD-8301 与 LD-8302（非编码型）模块配合使用时，可实现对大电流（直流）启动设备的控制及交流 220V 设备的转换控制，可防止由于使用 LD-8301 型模块直接控制设备造成将交流电引入控制系统总线的危险，如图 2-48 所示。

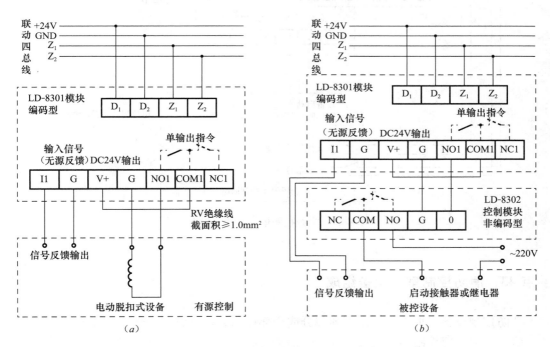

图 2-48 单动作切换控制模块接线示意图

(a) 直流控制；(b) 交流控制

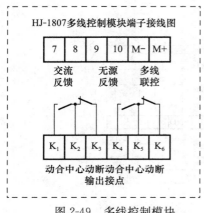

图 2-49 多线控制模块

2. 多线联动控制模块

多线控制模块是二次动作的电子继电器，如既控制启动，又控制停止等，所以有时称双动作切换控制模块。主要用于水泵、送风机、排烟机、排风机等二次动作的重要消防设备。多线控制模块一般连接于报警控制器的多线控制回路上，可由消防控制室进行联动或远方手动控制现场设备。

HJ-1807 多线联动控制模块的接线端子图如图 2-49 所示。

模块输出接点（常开与常闭接点）用来联动控制消防设备的动作；无源反馈用于现场设备动作状态的无源信号反馈；有源反馈用于现场设备动作状态的有源信号反馈。

多线控制模块与所控设备的接线示意如图 2-50 所示。

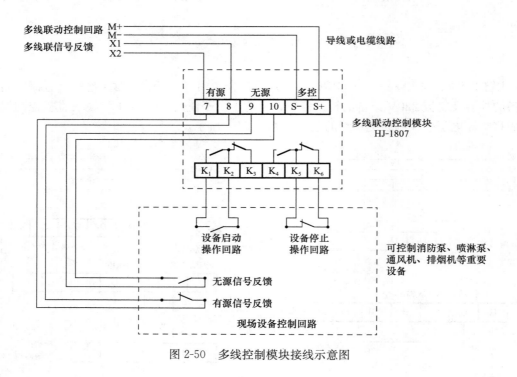

图 2-50 多线控制模块接线示意图

要点 43：消防控制室的设备组成

消防控制设备根据需要可由下列部分或全部控制装置组成：

（1）火灾报警控制器。

（2）自动灭火系统的控制装置。

（3）室内消火栓系统的控制装置。

（4）通风空调、防烟、排烟设备及电动防火阀的控制装置。

（5）常开电动防火门、防火卷帘的控制装置。

（6）电梯回降控制装置。

（7）火灾应急广播设备的控制装置。

（8）火灾警报装置的控制装置。

（9）火灾应急照明与疏散指示标志控制装置。

要点 44：消防控制室的一般要求

（1）消防控制室内设置的消防设备应包括火灾报警控制器、消防联动控制器、消防控制室图形显示装置、消防电话总机、消防应急广播控制装置、消防应急照明和疏散指示系统控制装置、消防电源监控器等设备，或具有相应功能的组合设备。

（2）消防控制室内设置的消防设备应能监控并显示建筑消防设施运行状态信息、并应具有向城市消防远程监控中心（以下简称监控中心）传输这些相关信息的功能。建筑消防设施运行状态信息见表 2-5。

建筑消防设施运行状态信息　　　　　　　　　　表 2-5

设施名称		内　　容
火灾探测报警系统		火灾报警信息、可燃气体探测报警信息、电气火灾监控报警信息、屏蔽信息、故障信息
消防联动控制系统	消防联动控制器	动作状态、屏蔽信息、故障信息
	消火栓系统	消防水泵电源的工作状态，消防水泵的启、停状态和故障状态，消防水箱（小）水位、管网压力报警信息及消火栓按钮的报警信息
	自动喷水灭火系统、水喷雾（细水雾）灭火系统（泵供水方式）	喷淋泵电源工作状态，喷淋泵的启、停状态和故障状态，水流指示器、信号阀、报警阀、压力开关的正常工作状态和动作状态
	气体灭火系统、细水雾灭火系统（压力容器供水方式）	系统的手动、自动工作状态及故障状态，阀驱动装置的正常工作状态和动作状态，防护区域中的防火门（窗）、防火阀、通风空调等设备的正常工作状态和动作状态，系统的启、停信息，紧急停止信号和管网压力信号
	泡沫灭火系统	消防水泵、泡沫液泵电源的工作状态，系统的手动、自动工作状态及故障状态，消防水泵、泡沫液泵的正常工作状态和动作状态
	干粉灭火系统	系统的手动、自动工作状态及故障状态，阀驱动装置的正常工作状态和动作状态，系统的启、停信息，紧急停止信号和管网压力信号
	防烟排烟系统	系统的手动、自动工作状态，防烟排烟风机电源的工作状态，风机、电动防火阀、电动排烟防火阀、常闭送风口、排烟阀（口）、电动排烟窗、电动挡烟垂壁的正常工作状态和动作状态
	防火门及卷帘系统	防火卷帘控制器、防火门监控器的工作状态和故障状态；卷帘门的工作状态，具有反馈信号的各类防火门、疏散门的工作状态和故障状态等动态信息
	消防电梯	消防电梯的停用和故障状态
	消防应急广播	消防应急广播的启动、停止和故障状态
	消防应急照明和疏散指示系统	消防应急照明和疏散指示系统的故障状态和应急工作状态信息
	消防电源	系统内各消防用电设备的供电电源和备用电源工作状态和欠压报警信息

（3）消防控制室内应保存消防控制室的资料和表 2-6 规定的消防安全管理信息，并可具有向监控中心传输消防安全管理信息的功能。

消防安全管理信息　　　　　　　　表 2-6

序号	名称		内　容
1	基本情况		单位名称、编号、类别、地址、联系电话、邮政编码、消防控制室电话；单位职工人数、成立时间、上级主管（或管辖）单位名称、占地面积、总建筑面积、单位总平面图（含消防车道、毗邻建筑等）；单位法人代表、消防安全责任人、消防安全管理人及专兼职消防管理人的姓名、身份证号码、电话
2	主要建、构筑物等信息	建（构）筑	建筑物名称、编号、使用性质、耐火等级、结构类型、建筑高度、地上层数及建筑面积、地下层数及建筑面积、隧道高度及长度等、建造日期、主要储存物名称及数量、建筑物内最大容纳人数、建筑立面图及消防设施平面布置图；消防控制室位置、安全出口的数量、位置及形式（指疏散楼梯）；毗邻建筑的使用性质、结构类型、建筑高度、与本建筑的间距
		堆场	堆场名称、主要堆放物品名称、总储量、最大堆高、堆场平面图（含消防车道、防火间距）
		储罐	储罐区名称、储罐类型（指地上、地下、立式、卧式、浮顶、固定顶等）、总容积、最大单罐容积及高度、储存物名称、性质和形态、储罐区平面图（含消防车道、防火间距）
		装置	装置区名称、占地面积、最大高度、设计日产量、主要原料、主要产品、装置区平面图（含消防车道、防火间距）
3	单位（场所）内消防安全重点部位信息		重点部位名称、所在位置、使用性质、建筑面积、耐火等级、有无消防设施、责任人姓名、身份证号码及电话
4	室内外消防设施信息	火灾自动报警系统	设置部位、系统形式、维保单位名称、联系电话；控制器（含火灾报警、消防联动、可燃气体报警、电气火灾监控等）、探测器（含火灾探测、可燃气体探测、电气火灾探测等）、手动火灾报警按钮、消防电气控制装置等的类型、型号、数量、制造商；火灾自动报警系统图
		消防水源	市政给水管网形式（指环状、支状）及管径、市政管网向建（构）筑物供水的进水管数量及管径、消防水池位置及容量、屋顶水箱位置及容量、其他水源形式及供水量、消防泵房设置位置及水泵数量、消防给水系统平面布置网
		室外消火栓	室外消火栓管网形式（指环状、支状）及管径、消火栓数量、室外消火栓平面布置图
		室内消火栓系统	室内消火栓管网形式（指环状、支状）及管径、消火栓数量、水泵接合器位置及数量、有无与本系统相连的屋顶消防水箱
		自动喷水灭火系统（含雨淋、水幕）	设置部位、系统形式（指湿式、干式、预作用，开式、闭式等）、报警阀位置及数量、水泵接合器位置及数量、有无与本系统相连的屋顶消防水箱、自动喷水灭火系统图
		水喷雾（细水雾）灭火系统	设置部位、报警阀位置及数量、水喷雾（细水雾）灭火系统图
		气体灭火系统	系统形式（指有管网、无管网，组合分配、独立式，高压、低压等）、系统保护的防护区数量及位置、手动控制装置的位置、钢瓶间位置、灭火剂类型、气体灭火系统图
		泡沫灭火系统	设置部位、泡沫种类（指低倍、中倍、高倍，抗溶、氟蛋白等）、系统形式（指液上、液下，固定、半固定等）、泡沫灭火系统图

序号	名称		内　容
4	室内外消防设施信息	干粉灭火系统	设置部位、干粉储罐位置、干粉灭火系统图
		防烟排烟系统	设置部位、风机安装位置、风机数量、风机类型、防烟排烟系统图
		防火门及卷帘	设置部位、数量
		消防应急广播	设置部位、数量、消防应急广播系统图
		应急照明及疏散指示系统	设置部位、数量、应急照明及疏散指示系统图
		消防电源	设置部位、消防主电源在配电室是否有独立配电柜供电、备用电源形式（市电、发电机、EPS等）
		灭火器	设置部位、配置类型（指手提式、推车式等）、数量、生产日期、更换药剂日期
5	消防设施定期检查及维护保养信息		检查人姓名、检查日期、检查类别（指日检、月检、季检、年检等）、检查内容（指各类消防设施相关技术规范规定的内容）及处理结果，维护保养日期、内容
6	日常防火巡查记录	基本信息	值班人员姓名、每日巡查次数、巡查时间、巡查部位
		用火用电	用火、用电、用气有无违章情况
		疏散通道	安全出口、疏散通道、疏散楼梯是否畅通，是否堆放可燃物；疏散走道、疏散楼梯、顶棚装修材料是否合格
		防火门、防火卷帘	常闭防火门是否处于正常工作状态，是否被锁闭；防火卷帘是否处于正常工作状态，防火卷帘下方是否堆放物品影响使用
		消防设施	疏散指示标志、应急照明是否处于正常完好状态；火灾自动报警系统探测器是否处于正常完好状态；自动喷水灭火系统喷头、末端放（试）水装置、报警阀是否处于正常完好状态；室内、室外消火栓系统是否处于正常完好状态；灭火器是否处于正常完好状态
7	火灾信息		起火时间、起火部位、起火原因、报警方式（指自动、人工等）、灭火方式（指气体、喷水、水喷雾、泡沫、干粉灭火系统、灭火器、消防队等）

（4）具有两个及两个以上消防控制室时，应确定主消防控制室和分消防控制室。主消防控制室的消费设备应对系统内共用的消防设备进行控制，并显示其状态信息；主消防控制室内的消防设备应能显示各分消防控制室内消防设备的状态信息，并可对分消防控制室内的消防设备及其控制的消防系统和设备进行控制；各分消防控制室内的控制和显示装置之间可以相互传输、显示状态信息，但不应互相控制。

（5）消防控制室内设置的消防设备应为符合国家市场准入制度的产品。消防控制室的设计、建设和运行应符合国家现行有关标准的规定。

（6）消防设备组成系统时，各设备之间应满足系统兼容性要求。

要点45：消防控制室资料

消防控制室内应保存下列纸质和电子档案资料：

（1）建（构）筑物竣工后的总平面布局图、建筑消防设施平面布置图、建筑消防设施系统图及安全出口布置图、重点部位位置图等。

（2）消防安全管理规章制度、应急灭火预案、应急疏散预案等。

（3）消防安全组织结构图，包括消防安全责任人、管理人、专职、义务消防人员等内容。

（4）消防安全培训记录、灭火和应急疏散预案的演练记录。

（5）值班情况、消防安全检查情况及巡查情况的记录。

（6）消防设施一览表，包括消防设施的类型、数量、状态等内容。

（7）消防系统控制逻辑关系说明、设备使用说明书、系统操作规程、系统和设备维护保养制度等。

（8）设备运行状况、接报警记录、火灾处理情况、设备检修检测报告等资料，这些资料应能定期保存和归档。

要点 46：消防控制室管理及应急程序

（1）消防控制室管理应符合下列要求：

1）实行每日 24h 专人值班制度，每班持有消防控制室操作职业资格证书的值班人员不应少于 2 人。

2）消防设施日常维护管理应符合《建筑消防设施的维护管理》（GB 25201—2010）的要求。

3）应确保火灾自动报警系统、灭火系统和其他联动控制设备处于正常工作状态，不得将应处于自动状态的设在手动状态。

4）确保高位消防水箱、消防水池、气压水罐等消防储水设施水量充足，确保消防泵出水管阀门、自动喷水灭火系统管道上的阀门常开；确保消防水泵、防排烟风机、防火卷帘等消防用电设备的配电柜开关处于自动（接通）位置。

（2）消防控制室应急程序应符合下列要求：

1）接到火灾警报后，消防控制室必须立即以最快方式确认。

2）火灾确认后，消防控制室必须立即将火灾报警联动控制开关转入自动状态（处于自动状态的除外），同时拨打"119"报警。报警时应说明火灾地点、起火部位、着火物种类和火势大小，并留下报警人姓名和联系电话。

3）值班人员应立即启动单位内部应急灭火、疏散预案，并应同时报告单位负责人。

要点 47：消防控制室的控制和显示要求

1. 消防控制室图形显示装置

消防控制室图形显示装置应符合下列要求：

（1）应能显示"要点 30"规定的资料内容及表 2-6 规定的其他相关信息。

（2）应能用同一界面显示建（构）筑物周边消防车道、消防登高车操作场地、消防水源位置，以及相邻建筑的防火间距、建筑面积、建筑高度、使用性质等情况。

（3）应能显示消防系统及设备的名称、位置的动态信息。

（4）当有火灾报警信号、监管报警信号、反馈信号、屏蔽信号、故障信号输入时，应有相应状态的专用总指示，在总平面布局图中应显示输入信号的建（构）筑物的位置，在建筑平面图上应显示输入信号所在的位置和名称，并记录时间、信号类别和部位等信息。

（5）应在10s内显示火灾报警信号、反馈信号输入其状态信息，100s内显示其他信号应在输入其状态信息。

（6）应采用有中文标注和中文界面，界面对角线长度不应小于430mm。

（7）应能显示可燃气探测报警系统、电气火灾监控系统的报警信息、故障信息和相关联动反馈信息。

2. 火灾报警控制器

火灾报警控制器应符合下列要求：

（1）应能显示火灾探测器、火灾显示盘、手动火灾报警按钮的正常工作状态、火灾报警状态、屏蔽状态及故障状态等相关信息。

（2）应能控制火灾声和（或）光警报器启动和停止。

3. 消防联动控制器

（1）应能将（2）～（10）消防系统及设备的状态信息传输到消防控制室图形显示装置。

（2）消防联动控制器对自动喷水灭火系统的控制和显示应符合下列要求：

1）应能显示喷淋泵电源的工作状态。

2）应能显示喷淋泵（稳压或增压泵）的启、停状态和故障状态，并显示水流指示器、信号阀、报警阀、压力开关等设备的正常工作状态和动作状态、消防水箱（池）最低水位信息和管网最低压力报警信息。

3）应能手动控制喷淋泵的启、停，并显示其手动启、停和自动启动的动作反馈信号。

（3）消防联动控制器对消火栓系统的控制和显示应符合下列要求：

1）应能显示消防水泵电源的工作状态。

2）应能显示消防水泵（稳压或增压泵）的启、停状态和故障状态，并显示消火栓按钮的正常工作状态和动作状态及位置等信息、消防水箱（池）最低水位信息和管网最低压力报警信息。

3）应能手动和自动控制消防水泵启、停，并显示其动作反馈信号。

（4）消防联动控制器对气体灭火系统的控制和显示应符合下列要求：

1）应能显示系统的手动、自动工作状态及故障状态。

2）应能显示系统的驱动装置的正常工作状态和动作状态，并能显示防护区域中的防火门（窗）、防火阀、通风空调等设备的正常工作状态和动作状态。

3）应能手动控制系统的启、停，并显示延时状态信号、紧急停止信号和管网压力信号。

（5）消防联动控制器对水喷雾、细水雾灭火系统的控制和显示应符合下列要求：

1）水喷雾灭火系统、采用水泵供水的细雾灭火系统应符合（2）的要求。

2）采用压力容器供水的细水雾灭火系统应符合（4）的要求。

（6）消防联动控制器对泡沫灭火系统的控制和显示应符合下列规定：

1）应能显示消防水泵、泡沫液泵电源的工作状态。

2）应能显示系统的手动、自动工作状态及故障状态。

3）应能显示消防水泵、泡沫液泵的启、停状态和故障状态，并显示消防水池（箱）最低水位和泡沫液罐最低液位信息。

4）应能手动控制消防水泵和泡沫液泵的启、停，并显示其动作反馈信号。

（7）消防联动控制器对干粉灭火系统的控制和显示应符合下列要求：

1）应能显示系统的手动、自动工作状态及故障状态。

2）应能显示系统的驱动装置的正常工作状态和动作状态，并能显示防护区域中的防火门窗、防火阀、通风空调等设备的正常工作状态和动作状态。

3）应能手动控制系统的启动和停止，并显示延时状态信号、紧急停止信号和管网压力信号。

（8）消防联动控制器对防烟排烟系统及通风空调系统的控制和显示应符合下列要求：

1）应能显示防烟排烟系统风机电源的工作状态。

2）应能显示防烟排烟系统的手动、自动工作状态及防烟排烟系统风机的正常工作状态和动作状态。

3）应能控制防烟排烟系统及通风空调系统的风机和电动排烟防火阀、电控挡烟垂壁、电动防火阀、常闭送风口、排烟阀（口）、电动排烟窗的动作，并显示其反馈信号。

（9）消防联动控制器对防火门及防火卷帘系统的控制和显示应符合下列要求：

1）应能显示防火门控制器、防火卷帘控制器的工作状态和故障状态等动态信息。

2）应能显示防火卷帘、常开防火门、人员密集场所中因管理需要平时常闭的疏散门及具有信号反馈功能的防火门的工作状态。

3）应能关闭防火卷帘和常开防火门，并显示其反馈信号。

（10）消防联动控制器对电梯的控制和显示应符合下列要求：

1）应能控制所有电梯全部回降首层，非消防电梯应开门停用，消防电梯应开门待用，并显示反馈信号及消防电梯运行时所在楼层。

2）应能显示消防电梯的故障状态和停用状态。

4. 消防电话总机

消防电话总机应符合下列要求：

（1）应能与各消防电话分机通话，并具有插入通话功能。

（2）应能接收来自消防电话插孔的呼叫，并能通话。

（3）应有消防电话通话录音功能。

（4）应能显示消防电话的故障状态，并能将故障状态信息传输给消防控制室图形显示装置。

5. 消防应急广播系统装置

消防应急广播控制装置应符合下列要求：

（1）应能显示处于应急广播状态的广播分区、预设广播信息。

（2）应能分别通过手动和按照预设控制逻辑自动控制选择广播分区、启动或停止应急广播，并在扬声器进行应急广播时自动对广播内容进行录音。

（3）应能显示应急广播的故障状态，并能将故障状态信息传输给消防控制室图形显示装置。

6. 消防应急照明和疏散指示系统控制装置

消防应急照明和疏散指示系统控制装置应符合下列要求：

（1）应能手动控制自带电源型消防应急照明和疏散指示系统的主电工作状态和应急工

作状态的转换。

（2）应能分别通过手动和自动控制集中电源型消防应急照明和疏散指示系统和集中控制型消防应急照明和疏散指示系统从主电工作状态切换到应急工作状态。

（3）受消防联动控制器控制的系统应能将系统的故障状态和应急工作状态信息传输给消防控制室图形显示装置。

（4）不受消防联动控制器控制的系统应能将系统的故障状态和应急工作状态信息传出给消防控制室图形显示装置。

7．消防电源监控器

消防电源监控器应符合下列要求：

（1）应能显示消防用电设备的供电电源和备用电源的工作状态和欠压报警信息。

（2）应能显示消防用电设备的供电电源和备用电源的工作状态和故障报警信息传输给消防控制室图形显示装置。

要点 48：消防控制室图形显示装置的信息记录要求

（1）应记录表 2-5 中规定的建筑消防设施运行状态信息，记录容量不应少于 10000 条，记录备份后方可被覆盖。

（2）应具有产品维护保养的内容和时间、系统程序的进入和退出时间、操作人员姓名或代码等内容的记录，存储记录容量不应少于 10000 条，记录备份后方可被覆盖。

（3）应记录表 2-6 中规定的消防安全管理信息及系统内各个消防设备（设施）的制造商、产品有效期的记录，存储记录容量不应少于 10000 条，记录备份后方可被覆盖。

（4）应能对历史记录打印归档或刻录存盘归档。

要点 49：消防控制室信息传输要求

（1）消防控制室图形显示装置应能在接收到火灾报警信号或联动信号后 10s 内将相应信息按规定的通信协议格式传送给监控中心。

（2）消防控制室图形显示装置应能在接收到建筑消防设施运行状态信息后 100s 内将相应信息按规定的通信协议格式传送给监控中心。

（3）当具有自动向监控中心传输消防安全管理信息功能时，消防控制室图形显示装置应能在发出传输信息指令后 100s 内将相应信息按规定的通信协议格式传送给监控中心。

（4）消防控制室图形显示装置应能接收监控中心的查询指令并按规定的通信协议格式将表 2-5、表 2-6 规定的信息传送给监控中心。

（5）消防控制室图形显示装置应有信息传输指示灯，在处理和传输信息时，该指示灯应闪亮，在得到监控中心的正确接收确认后，该指示灯应常亮并保持直至该状态复位。当信息传送失败时应有声、光指示。

（6）火灾报警信息应优先于其他信息传输。

（7）消防控制室的信息传输不应受保护区域内消防系统及设备任何操作的影响。

第三章 消火栓系统施工

第一节 室内消火栓安装

要点1：消火栓系统的组成

采用消火栓灭火是最常用的灭火方式，它由蓄水池、加压送水装置（水泵）及室内消火栓等主要设备构成，如图3-1所示。这些设备的电气控制包括水池的水位控制、消防用水和加压水泵的启动。水位控制应能显示出水位的变化情况和高/低水位报警及控制水泵的开/停。室内消火栓系统由水枪、水龙带、消火栓、消防管道等组成。为保证水枪在灭火时具有足够的水压，需要采用加压设备。常用的加压设备有消防水泵和气压给水装置两种。采用消防水泵时，在每个消火栓内设置消防按钮，灭火时用小锤击碎按钮上的玻璃小窗，按钮不受压而复位，从而通过控制电路启动消防水泵；水压增高后，灭火水管有水，用水枪喷水灭火。采用气压给水装置时，由于采用了气压水罐，并以气水分离器来保证供水压力，所以水泵功率较小，可采用电接点压力表，通过测量供水压力来控制水泵的启动。

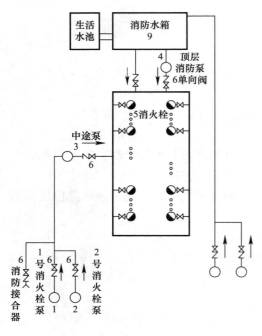

图3-1 室内消火栓系统

1. 室内消火栓

室内消火栓分为单阀和双阀两种。单阀消火栓又分为单出口、双出口和直角双出口三种。双阀消火栓为双出口。在低层建筑中，多采用单阀单出口消火栓，消火栓口直径有 $DN50$ 和 $DN65$ 两种。对应的水枪最小流量分别为 $2.5L/s$ 和 $5L/s$。双出口消火栓直径为 $DN65$，用于每支水枪最小流量不小于 $5L/s$。

2. 水龙带

消防水龙带有麻质、棉织和衬胶水龙带。前两种水龙带抗折叠性能较好，后者水流阻力小，规格有 $DN50$ 和 $DN65$ 两种，长度有 15m、20m 和 25m 三种。

3. 水枪

室内一般采用直流式水枪，喷口直径有 13mm、16mm 和 19mm 三种类型。喷嘴口径为 13mm 的水枪配 $DN50mm$ 接口；喷嘴口径为 16mm 的水枪配 $DN50mm$ 或 $DN65mm$ 两种接口；喷嘴口径为 19mm 的水枪配 $DN65mm$ 接口。

4. 消防卷盘（消防水喉设备）

消防卷盘是由 $DN25$ 的小口径消火栓、内径不小于 19mm 的橡胶胶带和口径不小于 6mm 的消防卷盘喷嘴组成，胶带缠绕在卷盘上。

消火栓、水枪、水龙带设于消防箱内，常用消防箱的规格有 800mm × 650mm × 200mm，用钢板和铝合金等制作。消防卷盘设备可与 $DN65mm$ 的消火栓同放置在一个消防箱内，也可设单独的消防箱。

5. 水泵接合器

当建筑物发生火灾，室内消防水泵不能启动或流量不足时，消防车可由室外消火栓、水池或天然水源取水，通过水泵接合器向室内消防给水管网供水。水泵接合器是消防车或移动式水泵向室内消防管网供水的连接口。水泵接合器的接口直径有 $DN65mm$ 和 $DN80mm$ 两种，分地上式、地下式和墙壁式三种类型，如图 3-2 所示。

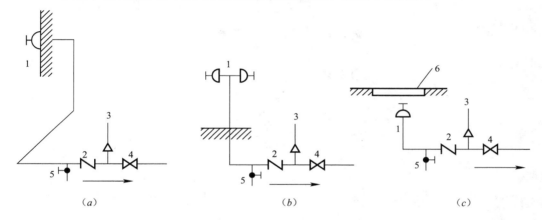

图 3-2　消防水泵接合器

（a）墙壁式；（b）地上式；（c）地下式

1—消防接口；2—止回阀；3—安全阀；4—阀门；5—放水阀；6—井盖

要点 2：消火栓系统给水方式

室内消火栓给水系统的给水方式由室外给水管网所能提供的水量、水压及室内消火栓给水系统所需水压和水量的要求来确定：

（1）无加压泵和水箱的室内消火栓给水系统如图 3-3 所示。当建筑物高度不大，而室外给水管网的压力和流量在任何时候均能够满足室内最不利点消火栓所需的设计流量和压力时，宜采用此种方式。

（2）设有水箱的室内消火栓给水系统如图 3-4 所示。在室外给水管网中水压变化较大的居住区和城市，当生产、生活用水量达到最大时，室外管网不能保证室内最不利点消火栓的流量和压力；而当生活、生产用水量较小时，室内管网的压力又能较高出现，昼夜内间断地满足室内需求，在这种情况下，宜采用此种方式。当室外管网水压较大时，室外管网向水箱充水，由水箱贮存一定水量，以备消防使用。

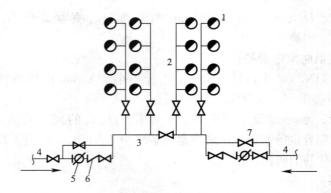

图 3-3　无加压泵和水箱的室内消火栓给水系统

1—室内消火栓；2—消防竖管；3—干管；4—进户管；5—水表；6—止回阀；7—闸门

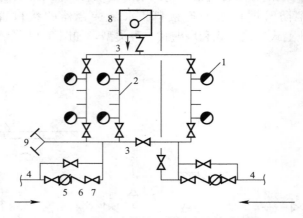

图 3-4　设有水箱的室内消火栓给水系统

1—室内消火栓；2—消防竖管；3—干管；4—进户管；5—水表；6—止回阀；7—阀门；8—水箱；9—水泵接合器

（3）设有消防水泵和水箱的室内消火栓给水系统如图 3-5 所示。当室外管网水压经常不能满足室内消火栓给水系统的水量和水压要求时，宜采用此给水方式。

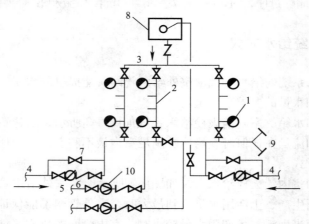

图 3-5　设有消防泵和水箱的室内消火栓给水系统

1—室内消火栓；2—消防竖管；3—干管；4—进户管；5—水表；6—止回阀；7—阀门；

8—水箱；9—水泵接合器；10—消防泵

要点 3：室内消火栓的配置

室内消火栓的配置应符合下列要求：

（1）应采用 DN65 室内消火栓，并可与消防软管卷盘或轻便水龙设置在同一箱体内。

（2）应配置 DN65 有内衬里的消防水带，长度不宜超过 25.0m；消防软管卷盘应配置内径不小于 ϕ19 的消防软管，其长度宜为 30.0m；轻便水龙应配置 DN25 有内衬里的消防水带，长度宜为 30.0m。

（3）宜配置当量喷嘴直径 16mm 或 19mm 的消防水枪，但当消火栓设计流量为 2.5L/s 时宜配置当量喷嘴直径 11mm 或 13mm 的消防水枪；消防软管卷盘和轻便水龙应配置当量喷嘴直径 6mm 的消防水枪。

要点 4：室内消火栓的设置位置

建筑室内消火栓的设置位置应满足火灾扑救要求，并应符合下列规定：

（1）室内消火栓应设置在楼梯间及其休息平台和前室、走道等明显易于取用，以及便于火灾扑救的位置。

（2）住宅的室内消火栓宜设置在楼梯间及其休息平台。

（3）汽车库内消火栓的设置不应影响汽车的通行和车位的设置，并应确保消火栓的开启。

（4）同一楼梯间及其附近不同层设置的消火栓，其平面位置宜相同。

（5）冷库的室内消火栓应设置在常温穿堂或楼梯间内。

要点 5：消火栓栓口压力技术参数

室内消火栓栓口压力和消防水枪充实水柱，应符合下列规定：

（1）消火栓栓口动压力不应大于 0.50MPa；当大于 0.70MPa 时必须设置减压装置。

（2）高层建筑、厂房、库房和室内净空高度超过 8m 的民用建筑等场所，消火栓栓口动压不应小于 0.35MPa，且消防水枪充实水柱应按 13m 计算；其他场所，消火栓栓口动压不应小于 0.25MPa，且消防水枪充实水柱应按 10m 计算。

要点 6：城市交通隧道室内消火栓设置的技术规定

城市交通隧道室内消火栓系统的设置应符合下列规定：

（1）隧道内宜设置独立的消防给水系统。

（2）管道内的消防供水压力应保证用水量达到最大时，最低压力不应小于 0.30MPa，但当消火栓栓口处的出水压力超过 0.70MPa 时，应设置减压设施。

（3）在隧道出入口处应设置消防水泵接合器和室外消火栓。

（4）消火栓的间距不应大于 50m，双向同行车道或单行通行但大于 3 车道时，应双面间隔设置。

（5）隧道内允许通行危险化学品的机动车，且隧道长度超过 3000m 时，应配置水雾或泡沫消防水枪。

要点 7：室内消防给水管道布置要求

（1）室内消火栓超过 10 个且室外消防用水量大于 15L/s 时，其消防给水管道应连成环状，且至少应有 2 条进水管与室外管网或消防水泵连接。当其中一条进水管发生事故时，其余的进水管应仍能供应全部消防用水量。

（2）高层建筑应设置独立的消防给水系统。室内消防竖管应连成环状，每根消防竖管的直径应按通过的流量经计算确定，但不应小于 $DN100$。

（3）60m 以下的单元式住宅建筑和 60m 以下、每层不超过 8 户、建筑面积不超过 650m² 的塔式住宅建筑，当设两根消防竖管有困难时，可设一根竖管，但必须采用双阀双出口型消火栓。

（4）室内消火栓给水管网应与自动喷水灭火系统的管网分开设置；当合用消防泵时，供水管路应在报警阀前分开设置。

（5）高层建筑，设置室内消火栓且层数超过 4 层的厂房（仓库），设置室内消火栓且层数超过 5 层的公共建筑，其室内消火栓给水系统和自动喷水灭火系统应设置消防水泵接合器。

消防水泵接合器应设置在室外便于消防车使用的地点，与室外消火栓或消防水池取水口的距离宜为 15～40m。水泵接合器宜采用地上式，当采用地下式水泵接合器时，应有明显标志。

消防水泵接合器的数量应按室内消防用水量计算确定。每个消防水泵接合器的流量宜按 10～15L/s 计算。消防给水为竖向分区供水时，在消防车供水压力范围内的分区，应分别设置水泵接合器。

（6）室内消防给水管道应采用阀门分成若干独立段。对于单层厂房（仓库）和公共建筑，检修停止使用的消火栓不应超过 5 个。对于多层民用建筑和其他厂房（仓库），室内消防给水管道上阀门的布置应保证检修管道时关闭的竖管不超过 1 根，但设置的竖管超过 3 根时，可关闭 2 根；对于高层民用建筑，当竖管超过 4 根时，可关闭不相邻的两根。

阀门应保持常开，并应有明显的启闭标志或信号。

（7）消防用水与其他用水合用的室内管道，当其他用水达到最大小时流量时，应仍能保证供应全部消防用水量。

（8）允许直接吸水的市政给水管网，当生产、生活用水量达到最大且仍能满足室内外消防用水量时，消防泵宜直接从市政给水管网吸水。

（9）严寒和寒冷地区非采暖的厂房（仓库）及其他建筑的室内消火栓系统，可采用干式系统，但在进水管上应设置快速启闭装置，管道最高处应设置自动排气阀。

要点 8：消防水箱的设置要求

（1）设置常高压给水系统并能保证最不利点消火栓和自动喷水灭火系统等的水量和水

压的建筑物，或设置干式消防竖管的建筑物，可不设置消防水箱。

（2）设置临时高压给水系统的建筑物应设置消防水箱（包括气压水罐、水塔、分区给水系统的分区水箱）。消防水箱的设置应符合下列规定：

1）重力自流的消防水箱应设置在建筑的最高部位。

2）消防水箱应储存 10min 的消防用水量。当室内消防用水量不大于 25L/s，经计算消防水箱所需消防储水量大于 12m³ 时，仍可采用 12m³；当室内消防用水量大于 25L/s，经计算消防水箱所需消防储水量大于 18m³ 时，仍可采用 18m³。

3）消防用水与其他用水合用的水箱应采取消防用水不作他用的技术措施。

4）消防水箱可分区设置。并联给水方式的分区消防水箱容量应与高位消防水箱相同。

5）除串联消防给水系统外，发生火灾后由消防水泵供给的消防用水不应进入消防水箱。

（3）建筑高度不超过 100m 的高层建筑，其最不利点消火栓静水压力不应低于 0.07MPa；建筑高度超过 100m 的建筑，其最不利点消火栓静水压力不应低于 0.15MPa。当高位消防水箱不能满足上述静压要求时，应设增压设施。增压设施应符合下列规定：

1）增压水泵的出水量，对消火栓给水系统不应大于 5L/s；对自动喷水灭火系统不应大于 1L/s。

2）气压水罐的调节水容量宜为 450L。

（4）建筑的室内消火栓、阀门等设置地点应设置永久性固定标识。

（5）建筑内设置的消防软管卷盘的间距应保证有一股水流能到达室内地面任何部位，消防软管卷盘的安装高度应便于取用。

要点 9：消火栓按钮安装

消火栓按钮安装在消火栓内，可直接接入控制总线。按钮还带有一对动合输出控制触点，可用来做直接起泵开关。消火栓按钮的安装方法如图 3-6 所示。

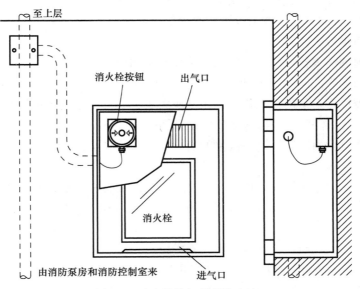

图 3-6 消火栓按钮的安装方法

消火栓按钮的信号总线采用 RVS 型双绞线，截面积≥1.0mm²；控制线和应答线采用 BV 线，截面积≥1.5mm²。用消火栓按钮 LD-8403 启动消防泵的接线如图 3-7 所示。

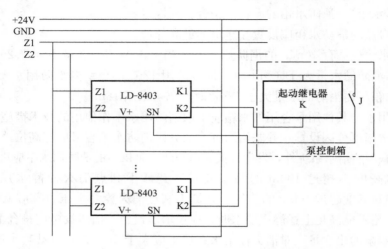

图 3-7　消火栓按钮 LD-8403 启动消防泵接线图

要点 10：室内消火栓布置要求

（1）除无可燃物的设备层外，设置室内消火栓的建筑物，其各层均应设置消火栓。

单元式、塔式住宅建筑中的消火栓宜设置在楼梯间的首层和各层楼层休息平台上，当设 2 根消防竖管确有困难时，可设 1 根消防竖管，但必须采用双口双阀型消火栓。干式消火栓竖管应在首层靠出口部位设置便于消防车供水的快速接口和止回阀。

（2）消防电梯间前室内应设置消火栓。

（3）室内消火栓应设置在位置明显且易于操作的部位。栓口离地面或操作基面高度宜为 1.1m，其出水方向宜向下或与设置消火栓的墙面成 90°角；栓口与消火栓箱内边缘的距离不应影响消防水带的连接。

（4）冷库内的消火栓应设置在常温穿堂或楼梯间内。

（5）室内消火栓的间距应由计算确定。对于高层民用建筑、高层厂房（仓库）、高架仓库和甲、乙类厂房，室内消火栓的间距不应大于 30m；对于其他单层和多层建筑及建筑高度不超过 24m 的裙房，室内消火栓的间距不应大于 50m。

（6）同一建筑物内应采用统一规格的消火栓、水枪和水带。每条水带的长度不应大于 25m。

（7）室内消火栓的布置应保证每一个防火分区同层有两支水枪的充实水柱同时到达任何部位。建筑高度不大于 24m 且体积不大于 5000m³ 的多层仓库，可采用 1 支水枪充实水柱到达室内任何部位。

水枪的充实水柱应经计算确定，甲、乙类厂房、层数超过 6 层的公共建筑和层数超过 4 层的厂房（仓库），不应小于 10m；高层建筑、高架仓库和体积大于 25000m³ 的商店、体育馆、影剧院、会堂、展览建筑，车站、码头、机场建筑等，不应小于 13m；其他建筑不宜小于 7m。

（8）高层建筑和高位消防水箱静压不能满足最不利点消火栓水压要求的其他建筑，应在每个室内消火栓处设置直接启动消防水泵的按钮，并应有保护设施。

（9）室内消火栓栓口处的出水压力大于 0.5MPa 时，应设置减压设施；静水压力大于 1.0MPa 时，应采用分区给水系统。

（10）设置有室内消火栓的建筑，如为平屋顶时，宜在平屋顶上设置试验和检查用的消火栓，采暖地区可设在顶层出口处或水箱间内。

要点 11：消火栓安装要求

（1）室内消火栓口距地面安装高度为 1.1m。栓口出口方向宜向下或与墙面垂直以便于操作，而且水头损失较小，屋顶应设检查用消火栓。

（2）建筑物设有消防电梯时，则在其前室应设室内消火栓。

（3）同一建筑内应采用同一规格的消火栓、水带和水枪。消火栓口出水压力超过 $5.0 \times 10^3 Pa$ 时，应设减压孔板或减压阀减压。为保证灭火用水，临时高压消火栓给水系统的每个消火栓处应设置直接启动水泵的按钮。

（4）消防水喉用于扑灭在普通消火栓使用前的初期火灾，只要求有一股水射流能到达室内地面任何部位，安装高度应便于取用。

要点 12：消火栓系统的配线

消火栓系统的配线及相互关系如图 3-8 所示。

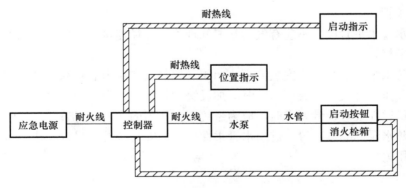

图 3-8　消火栓系统配线及相互关系图

第二节　消防系统附件安装

要点 13：消防给水及消火栓系统的安装

消防给水及消火栓系统的安装应符合下列要求：

(1) 消防水泵、消防水箱、消防水池、消防气压给水设备、消防水泵接合器等供水设施及其附属管道安装前，应清除其内部污垢和杂物；

(2) 消防供水设施应采取安全可靠的防护措施，其安装位置应便于日常操作和维护管理；

(3) 管道的安装应采用符合管材的施工工艺，管道安装中断时，其敞口处应封闭。

要点 14：消防水泵的安装

消防水泵的安装应符合下列要求：

(1) 消防水泵安装前应校核产品合格证，以及其规格、型号和性能与设计要求应一致，并应根据安装使用说明书安装；

(2) 消防水泵安装前应复核水泵基础混凝土强度、隔振装置、坐标、标高、尺寸和螺栓孔位置；

(3) 消防水泵的安装应符合现行国家标准《机械设备安装工程施工及验收通用规范》(GB 50231—2009) 和《风机、压缩机、泵安装工程施工及验收规范》(GB 50275—2010) 的有关规定；

(4) 消防水泵安装前应复核消防水泵之间，以及消防水泵与墙或其他设备之间的间距，并应满足安装、运行和维护管理的要求；

(5) 消防水泵吸水管上的控制阀应在消防水泵固定于基础上后再进行安装，其直径不应小于消防水泵吸水口直径，且不应采用没有可靠锁定装置的控制阀，控制阀应采用沟漕式或法兰式阀门；

(6) 当消防水泵和消防水池位于独立的两个基础上且相互为刚性连接时，吸水管上应加设柔性连接管；

(7) 吸水管水平管段上不应有气囊和漏气现象。变径连接时，应采用偏心异径管件并应采用管顶平接；

(8) 消防水泵出水管上应安装消声止回阀、控制阀和压力表；系统的总出水管上还应安装压力表和压力开关；安装压力表时应加设缓冲装置。压力表和缓冲装置之间应安装旋塞；压力表量程在没有设计要求时，应为系统工作压力的 2～2.5 倍；

(9) 消防水泵的隔振装置、进出水管柔性接头的安装应符合设计要求，并应有产品说明和安装使用说明。

要点 15：天然水源取水口、地下水井、消防水池和消防水箱安装

天然水源取水口、地下水井、消防水池和消防水箱安装施工，应符合下列要求：

(1) 天然水源取水口、地下水井、消防水池和消防水箱的水位、出水量、有效容积、安装位置，应符合设计要求；

(2) 天然水源取水口、地下水井、消防水池、消防水箱的施工和安装，应符合现行国家标准《给水排水构筑物工程施工及验收规范》(GB 50141—2008)、《管井技术规范》(GB 50296—2014) 和《建筑给水排水及采暖工程施工质量验收规范》(GB 50242—2002)

的有关规定；

（3）消防水池和消防水箱出水管或水泵吸水管应满足最低有效水位出水不掺气的技术要求；

（4）安装时池外壁与建筑本体结构墙面或其他池壁之间的净距，应满足施工、装配和检修的需要；

（5）钢筋混凝土制作的消防水池和消防水箱的进出水等管道应加设防水套管，钢板等制作的消防水池和消防水箱的进出水等管道宜采用法兰连接，对有振动的管道应加设柔性接头。组合式消防水池或消防水箱的进水管、出水管接头宜采用法兰连接，采用其他连接时应做防锈处理；

（6）消防水池、消防水箱的溢流管、泄水管不应与生产或生活用水的排水系统直接相连，应采用间接排水方式。

要点 16：气压水罐安装

气压水罐安装应符合下列要求：
（1）气压水罐有效容积、气压、水位及设计压力应符合设计要求；
（2）气压水罐安装位置和间距、进水管及出水管方向应符合设计要求；出水管上应设止回阀；
（3）气压水罐宜有有效水容积指示器。

要点 17：稳压泵的安装

稳压泵的安装应符合下列要求：
（1）规格、型号、流量和扬程应符合设计要求，并应有产品合格证和安装使用说明书；
（2）稳压泵的安装应符合现行国家标准《机械设备安装工程施工及验收通用规范》（GB 50231—2009）和《风机、压缩机、泵安装工程施工及验收规范》（GB 50275—2010）的有关规定。

要点 18：消防水泵接合器的安装

消防水泵接合器的安装应符合下列规定：
（1）消防水泵接合器的安装，应按接口、本体、连接管、止回阀、安全阀、放空管、控制阀的顺序进行，止回阀的安装方向应使消防用水能从消防水泵接合器进入系统，整体式消防水泵接合器的安装，应按其使用安装说明书进行；
（2）消防水泵接合器的设置位置应符合设计要求；
（3）消防水泵接合器永久性固定标志应能识别其所对应的消防给水系统或水灭火系统，当有分区时应有分区标识；
（4）地下消防水泵接合器应采用铸有"消防水泵接合器"标志的铸铁井盖，并应在其附近设置指示其位置的永久性固定标志；

（5）墙壁消防水泵接合器的安装应符合设计要求。设计无要求时，其安装高度距地面宜为 0.7m；与墙面上的门、窗、孔、洞的净距离不应小于 2.0m，且不应安装在玻璃幕墙下方；

（6）地下消防水泵接合器的安装，应使进水口与井盖底面的距离不大于 0.4m，且不应小于井盖的半径；

（7）消火栓水泵接合器与消防通道之间不应设有妨碍消防车加压供水的障碍物；

（8）地下消防水泵接合器井的砌筑应有防水和排水措施。

要点 19：市政和室外消火栓的安装

市政和室外消火栓的安装应符合下列规定：

（1）市政和室外消火栓的选型、规格应符合设计要求；

（2）管道和阀门的施工和安装，应符合现行国家标准《给水排水管道工程施工及验收规范》（GB 50268—2008）、《建筑给水排水及采暖工程施工质量验收规范》（GB 50242—2002）的有关规定；

（3）地下式消火栓顶部进水口或顶部出水口应正对井口。顶部进水口或顶部出水口与消防井盖底面的距离不应大于 0.4m，井内应有足够的操作空间，并应做好防水措施；

（4）地下式室外消火栓应设置永久性固定标志；

（5）当室外消火栓安装部位火灾时存在可能落物危险时，上方应采取防坠落物撞击的措施；

（6）市政和室外消火栓安装位置应符合设计要求，且不应妨碍交通，在易碰撞的地点应设置防撞设施。

要点 20：室内消火栓及消防软管卷盘或轻便水龙的安装

室内消火栓及消防软管卷盘或轻便水龙的安装应符合下列规定：

（1）室内消火栓及消防软管卷盘和轻便水龙的选型、规格应符合设计要求。

（2）同一建筑物内设置的消火栓、消防软管卷盘和轻便水龙应采用统一规格的栓口、消防水枪和水带及配件。

（3）试验用消火栓栓口处应设置压力表。

（4）当消火栓设置减压装置时，应检查减压装置符合设计要求，且安装时应有防止砂石等杂物进入栓口的措施。

（5）室内消火栓及消防软管卷盘和轻便水龙应设置明显的永久性固定标志，当室内消火栓因美观要求需要隐蔽安装时，应有明显的标志，并应便于开启使用。

（6）消火栓栓口出水方向宜向下或与设置消火栓的墙面成 90°角，栓口不应安装在门轴侧。

（7）消火栓栓口中心距地面应为 1.1m，特殊地点的高度可特殊对待，允许偏差 ±20mm。

要点 21：消火栓箱的安装

消火栓箱的安装应符合下列规定：

（1）消火栓的启闭阀门设置位置应便于操作使用，阀门的中心距箱侧面应为140mm，距箱后内表面应为100mm，允许偏差±5mm；

（2）室内消火栓箱的安装应平正、牢固，暗装的消火栓箱不应破坏隔墙的耐火性能；

（3）箱体安装的垂直度允许偏差为±3mm；

（4）消火栓箱门的开启不应小于120°；

（5）安装消火栓水龙带，水龙带与消防水枪和快速接头绑扎好后，应根据箱内构造将水龙带放置；

（6）双向开门消火栓箱应有耐火等级应符合设计要求，当设计没有要求时应至少满足1h耐火极限的要求；

（7）消火栓箱门上应用红色字体注明"消火栓"字样。

要点 22：沟槽连接件（卡箍）连接

沟槽连接件（卡箍）连接应符合下列规定：

（1）沟槽式连接件（管接头）、钢管沟槽深度和钢管壁厚等，应符合现行国家标准《自动喷水灭火系统　第11部分：沟槽式管接件》（GB 5135.11—2006）的有关规定；

（2）有振动的场所和埋地管道应采用柔性接头，其他场所宜采用刚性接头，当采用刚性接头时，每隔4~5个刚性接头应设置一个挠性接头，埋地连接时螺栓和螺母应采用不锈钢件；

（3）沟槽式管件连接时，其管道连接沟槽和开孔应用专用滚槽机和开孔机加工，并应做防腐处理；连接前应检查沟槽和孔洞尺寸，加工质量应符合技术要求；沟槽、孔洞处不应有毛刺、破损性裂纹和脏物；

（4）沟槽式管件的凸边应卡进沟槽后再紧固螺栓，两边应同时紧固，紧固时发现橡胶圈起皱应更换新橡胶圈；

（5）机械三通连接时，应检查机械三通与孔洞的间隙，各部位应均匀，然后再紧固到位；机械三通开孔间距不应小于1m，机械四通开孔间距不应小于2m；机械三通、机械四通连接时支管的直径应满足表3-1的规定，当主管与支管连接不符合表3-1时应采用沟槽式三通、四通管件连接；

机械三通、机械四通连接时支管直径（mm）　　　　表 3-1

主管直径 DN		65	80	100	125	150	200	250	300
支管直径 DN	机械三通	40	40	65	80	100	100	100	100
	机械四通	32	32	50	65	80	100	100	100

（6）配水干管（立管）与配水管（水平管）连接，应采用沟槽式管件，不应采用机械三通；

（7）埋地的沟槽式管件的螺栓、螺帽应做防腐处理。水泵房内的埋地管道连接应采用挠性接头；

（8）采用沟槽连接件连接管道变径和转弯时，宜采用沟槽式异径管件和弯头；当需要采用补芯时，三通上可用一个，四通上不应超过二个；公称直径大于 50mm 的管道不宜采用活接头；

（9）沟槽连接件应采用三元乙丙橡胶（EDPM）C 型密封胶圈，弹性应良好，应无破损和变形，安装压紧后 C 型密封胶圈中间应有空隙。

要点 23：钢丝网骨架塑料复合管材、管件以及管道附件的连接

钢丝网骨架塑料复合管材、管件以及管道附件的连接，应符合下列要求：

（1）钢丝网骨架塑料复合管材、管件以及管道附件，应采用同一品牌的产品；管道连接宜采用同种牌号级别，且压力等级相同的管材、管件以及管道附件。不同牌号的管材以及管道附件之间的连接，应经过试验，并应判定连接质量能得到保证后再连接；

（2）连接应采用电熔连接或机械连接，电熔连接宜采用电熔承插连接和电熔鞍形连接；机械连接宜采用锁紧型和非锁紧型承插式连接、法兰连接、钢塑过渡连接；

（3）钢丝网骨架塑料复合管给水管道与金属管道或金属管道附件的连接，应采用法兰或钢塑过渡接头连接，与直径小于或等于 DN50 的镀锌管道或内衬塑镀锌管的连接，宜采用锁紧型承插式连接；

（4）管道各种连接应采用相应的专用连接工具；

（5）钢丝网骨架塑料复合管材、管件与金属管、管道附件的连接，当采用钢制喷塑或球墨铸铁过渡管件时，其过渡管件的压力等级不应低于管材公称压力；

（6）在 −5℃ 以下或大风环境条件下进行热熔或电熔连接操作时，应采取保护措施，或调整连接机具的工艺参数；

（7）管材、管件以及管道附件存放处与施工现场温差较大时，连接前应将钢丝网骨架塑料复合管管材、管件以及管道附件在施工现场放置一段时间，并应使管材的温度与施工现场的温度相当；

（8）管道连接时，管材切割应采用专用割刀或切管工具，切割断面应平整、光滑、无毛刺，且应垂直于管轴线；

（9）管道合拢连接的时间宜为常年平均温度，且宜为第二天上午的 8～10 时；

（10）管道连接后，应及时检查接头外观质量。

要点 24：钢丝网骨架塑料复合管材、管件电熔连接

钢丝网骨架塑料复合管材、管件电熔连接，应符合下列要求：

（1）电熔连接机具输出电流、电压应稳定，并应符合电熔连接工艺要求；

（2）电熔连接机具与电熔管件应正确连通，连接时，通电加热的电压和加热时间应符合电熔连接机具和电熔管件生产企业的规定；

（3）电熔连接冷却期间，不应移动连接件或在连接件上施加任何外力；

（4）电熔承插连接应符合下列规定：

1）测量管件承口长度，并在管材插入端标出插入长度标记，用专用工具刮除插入段表皮；

2）用洁净棉布擦净管材、管件连接面上的污物；

3）将管材插入管件承口内，直至长度标记位置；

4）通电前，应校直两对应的待连接件，使其在同一轴线上，用整圆工具保持管材插入端的圆度。

（5）电熔鞍形连接应符合下列规定：

1）电熔鞍形连接应采用机械装置固定干管连接部位的管段，并确保管道的直线度和圆度；

2）干管连接部位上的污物应使用洁净棉布擦净，并用专用工具刮除干管连接部位表皮；

3）通电前，应将电熔鞍形连接管件用机械装置固定在干管连接部位。

要点25：钢丝网骨架塑料复合管管材、管件法兰连接

钢丝网骨架塑料复合管管材、管件法兰连接应符合下列要求：

（1）钢丝网骨架塑料复合管管端法兰盘（背压松套法兰）连接，应先将法兰盘（背压松套法兰）套入待连接的聚乙烯法兰连接件（跟形管端）的端部，再将法兰连接件（跟形管端）平口端与管道按"要点23：钢丝网骨架塑料复合管材、管件以及管道附件的连接"中（2）电熔连接的要求进行连接；

（2）两法兰盘上螺孔应对中，法兰面应相互平行，螺孔与螺栓直径应配套，螺栓长短应一致，螺帽应在同一侧；紧固法兰盘上螺栓时应按对称顺序分次均匀紧固，螺栓拧紧后宜伸出螺帽1～3丝扣；

（3）法兰垫片材质应符合现行国家标准《钢制管法兰 类型与参数》（GB 9112—2010）和《整体钢制管法兰》（GB/T 9113—2010）的有关规定，松套法兰表面宜采用喷塑防腐处理；

（4）法兰盘应采用钢质法兰盘且应采用磷化镀铬防腐处理。

要点26：钢丝网骨架塑料复合管道钢塑过渡接头连接

钢丝网骨架塑料复合管道钢塑过渡接头连接应符合下列要求：

（1）钢塑过渡接头的钢丝网骨架塑料复合管管端与聚乙烯管道连接，应符合热熔连接或电熔连接的规定；

（2）钢塑过渡接头钢管端与金属管道连接应符合相应的钢管焊接、法兰连接或机械连接的规定；

（3）钢塑过渡接头钢管端与钢管应采用法兰连接，不得采用焊接连接，当必须焊接时，应采取降温措施；

（4）公称外径大于或等于DN110的钢丝网骨架塑料复合管与管径大于或等于DN100

的金属管连接时，可采用人字形柔性接口配件，配件两端的密封胶圈应分别与聚乙烯管和金属管相配套；

（5）钢丝网骨架塑料复合管和金属管、阀门相连接时，规格尺寸应相互配套。

要点 27：埋地管道的连接方式和基础支墩

埋地管道的连接方式和基础支墩应符合下列要求：

（1）地震烈度在 7 度及 7 度以上时宜采用柔性连接的金属管道或钢丝网骨架塑料复合管等；

（2）当采用球墨铸铁时宜采用承插连接；

（3）当采用焊接钢管时宜采用法兰和沟槽连接件连接；

（4）当采用钢丝网骨架塑料复合管时应采用电熔连接；

（5）埋地管道的施工时除符合《消防给水及消火栓系统技术规范》（GB 50974—2014）的有关规定外，还应符合现行国家标准《给水排水管道工程施工及验收规范》（GB 50268—2008）的有关规定；

（6）埋地消防给水管道的基础和支墩应符合设计要求，当设计对支墩没有要求时，应在管道三通或转弯处设置混凝土支墩。

要点 28：架空管道的安装位置

架空管道的安装位置应符合设计要求，并应符合下列规定：

（1）架空管道的安装不应影响建筑功能的正常使用，不应影响和妨碍通行以及门窗等开启；

（2）当设计无要求时，管道的中心线与梁、柱、楼板等的最小距离应符合表 3-2 的规定；

管道的中心线与梁、柱、楼板等的最小距离　　　　　　　　　表 3-2

公称直径（mm）	25	32	40	50	70	80	100	125	150	200
距离（mm）	40	40	50	60	70	80	100	125	150	200

（3）消防给水管穿过地下室外墙、构筑物墙壁以及屋面等有防水要求处时，应设防水套管；

（4）消防给水管穿过建筑物承重墙或基础时，应预留洞口，洞口高度应保证管顶上部净空不小于建筑物的沉降量，不宜小于 0.1m，并应填充不透水的弹性材料；

（5）消防给水管穿过墙体或楼板时应加设套管，套管长度不应小于墙体厚度，或应高出楼面或地面 50mm；套管与管道的间隙应采用不燃材料填塞，管道的接口不应位于套管内；

（6）消防给水管必须穿过伸缩缝及沉降缝时，应采用波纹管和补偿器等技术措施；

（7）消防给水管可能发生冰冻时，应采取防冻技术措施；

（8）通过及敷设在有腐蚀性气体的房间内时，管外壁应刷防腐漆或缠绕防腐材料。

要点 29：架空管道的支吊架

架空管道的支吊架应符合下列规定：

（1）架空管道支架、吊架、防晃或固定支架的安装应固定牢固，其型式、材质及施工应符合设计要求；

（2）设计的吊架在管道的每一支撑点处应能承受 5 倍于充满水的管重，且管道系统支撑点应支撑整个消防给水系统；

（3）管道支架的支撑点宜设在建筑物的结构上，其结构在管道悬吊点应能承受充满水管道重量另加至少 114kg 的阀门、法兰和接头等附加荷载，充水管道的参考重量可按表 3-3 选取；

充水管道的参考重量　　　　　　　　　　　　　　表 3-3

公称直径（mm）	25	32	40	50	70	80	100	125	150	200
保温管道（kg/m）	15	18	19	22	27	32	41	54	65	103
不保温管道（kg/m）	5	7	7	9	13	17	22	33	42	73

注：1. 计算管重量按 10kg 化整，不足 20kg 按 20kg 计算。
　　2. 表中管重不包括阀门重量。

（4）管道支架或吊架的设置间距不应大于表 3-4 的要求；

管道支架或吊架的设置间距　　　　　　　　　　　表 3-4

管径（mm）	25	32	40	50	70	80	100	125	150	200	250	300
间距（m）	3.5	4.0	4.5	5.0	6.0	6.0	6.5	7.0	8.0	9.5	11.0	12.0

（5）当管道穿梁安装时，穿梁处宜作为一个吊架；

（6）下列部位应设置固定支架或防晃支架：

1）配水管宜在中点设一个防晃支架，但当管径小于 $DN50$ 时可不设；

2）配水干管及配水管，配水支管的长度超过 15m，每 15m 长度内应至少设 1 个防晃支架，但当管径不大于 $DN40$ 可不设；

3）管径大于 $DN50$ 的管道拐弯、三通及四通位置处应设 1 个防晃支架；

4）防晃支架的强度，应满足管道、配件及管内水的重量再加 50% 的水平方向推力时不损坏或不产生永久变形；当管道穿梁安装时，管道再用紧固件固定于混凝土结构上，宜可作为 1 个防晃支架处理。

要点 30：架空管道的保护

地震烈度在 7 度及 7 度以上时，架空管道保护应符合下列要求：

（1）地震区的消防给水管道宜采用沟槽连接件的柔性接头或间隙保护系统的安全可靠性；

（2）应用支架将管道牢固地固定在建筑上；

（3）管道应有固定部分和活动部分组成；

（4）当系统管道穿越连接地面以上部分建筑物的地震接缝时，无论管径大小，均应设带柔性配件的管道地震保护装置；

（5）所有穿越墙、楼板、平台以及基础的管道，包括泄水管、水泵接合器连接管及其他辅助管道的周围应留有间隙；

（6）管道周围的间隙，$DN25\sim DN80$ 管径的管道，不应小于 25mm，$DN100$ 及以上管径的管道，不应小于 50mm；间隙内应填充腻子等防火柔性材料；

（7）竖向支撑应符合下列规定：

1）系统管道应有承受横向和纵向水平载荷的支撑；

2）竖向支撑应牢固且同心，支撑的所有部件和配件应在同一直线上；

3）对供水主管，竖向支撑的间距不应大于 24m；

4）立管的顶部应采用四个方向的支撑固定；

5）供水主管上的横向固定支架，其间距不应大于 12m。

要点 31：消防给水系统阀门的安装

消防给水系统阀门的安装应符合下列要求：

（1）各类阀门型号、规格及公称压力应符合设计要求；

（2）阀门的设置应便于安装维修和操作，且安装空间应能满足阀门完全启闭的要求，并应作出标志；

（3）阀门应有明显的启闭标志；

（4）消防给水系统干管与水灭火系统连接处应设置独立阀门，并应保证各系统独立使用。

要点 32：消防给水系统减压阀的安装

消防给水系统减压阀的安装应符合下列要求：

（1）安装位置处的减压阀的型号、规格、压力、流量应符合设计要求；

（2）减压阀安装应在供水管网试压、冲洗合格后进行；

（3）减压阀水流方向应与供水管网水流方向一致；

（4）减压阀前应有过滤器；

（5）减压阀前后应安装压力表；

（6）减压阀处应有压力试验用排水设施。

要点 33：控制柜的安装

控制柜的安装应符合下列要求：

（1）控制柜的基座其水平度误差不大于±2mm，并应做防腐处理及防水措施；

（2）控制柜与基座应采用不小于 ϕ12mm 的螺栓固定，每只柜不应少于 4 只螺栓；

（3）做控制柜的上下进出线口时，不应破坏控制柜的防护等级。

第四章　自动喷水灭火系统施工

第一节　系统管网安装

要点 1：沟槽式管件连接

沟槽式管件连接应符合下列要求：

（1）选用的沟槽式管件应符合《沟槽式管接头》（CJ/T 156—2001）要求，其材质应为球墨铸铁，并符合现行国家标准《球墨铸铁件》（GB/T 1348—2009）要求；橡胶密封圈的材质应为 EPDN（三元乙丙胶），并符合《金属管道系统快速管接头的性能要求和试验方法》ISO 6182—12 要求。

（2）沟槽式管件连接时，其管道连接沟槽和开孔应用专用滚槽机和开孔机加工，并应做防腐处理；连接前应检查沟槽和孔洞尺寸，加工质量应符合技术要求；沟槽、孔洞处不得有毛刺、破损性裂纹和脏物。

（3）橡胶密封圈应无破损和变形。

（4）沟槽式管件的凸边应卡进沟槽后再紧固螺栓，两边应同时紧固，紧固时若发现橡胶圈起皱应更换新橡胶圈。

（5）机械三通连接时，应检查机械三通与孔洞的间隙，各部位应均匀，然后再紧固到位；机械三通开孔间距不应小于 500mm，机械四通开孔间距不应小于 1000mm；机械三通、机械四通连接时支管的口径应符合表 4-1 的规定。

采用支管接头（机械三通、机械四通）时支管的最大允许管径（mm）　　表 4-1

主管直径 DN		50	65	80	100	125	150	200	250
支管直径 DN	机械三通	25	40	40	65	80	100	100	100
	机械四通	—	32	40	50	65	80	100	100

（6）配水干管（立管）与配水管（水平管）连接，应采用沟槽式管件，不应采用机械三通。

（7）埋地的沟槽式管件的螺栓、螺帽应作防腐处理。水泵房内的埋地管道连接应采用挠性接头。

要点 2：螺纹连接

螺纹连接应符合下列要求：

（1）管道宜采用机械切割，切割面不得有飞边、毛刺；管道螺纹密封面应符合现行国家标准《普通螺纹基本尺寸》(GB/T 196—2003)、《普通螺纹公差》(GB/T 197—2003)、《普通螺纹管路系列》(GB/T 1414—2013)的有关规定。

(2) 当管道变径时,宜采用异径接头;在管道弯头处不宜采用补芯,当需要采用补芯时,三通上可用 1 个,四通上不应超过 2 个;公称直径大于 50mm 的管道不宜采用活接头。

(3) 螺纹连接的密封填料应均匀附着于管道的螺纹部分;拧紧螺纹时,不得将填料挤入管道内;连接后,应将连接处外部清理干净。

要点 3: 管道支架、吊架、防晃支架的安装

管道支架、吊架、防晃支架的安装应符合下列要求:

(1) 管道的安装位置应符合设计要求。当设计无要求时,管道的中心线与梁、柱、楼板等的最小距离见表 3-2。

(2) 管道应固定牢固,管道支架或吊架之间距不应大于表 3-4 的规定。

(3) 管道支架、吊架、防晃支架的型式、材质、加工尺寸及焊接质量等应符合设计和国家现行有关标准的规定。

(4) 管道吊架、支架的安装位置不应妨碍喷头的喷水效果;管道支架、吊架与喷头之间的距离不宜小于 300mm,与末端喷头之间的距离不宜大于 750mm。

(5) 竖直安装的配水干管应在其始端和终端设防晃支架或采用管卡固定,其安装位置距地面或楼面的距离宜为 1.5~1.8m。

(6) 当管子的基本直径等于或大于 50mm 时,每段配水干管或配水管设置防晃支架不应少于一个;当管道改变方向时,应增设防晃支架。

(7) 配水支管上每一直管段、相邻两喷头间的管段设置的吊架不应少于一个;当喷头之间距离小于 1.8m 时,吊架可隔段设置,但吊架的间距不宜大于 3.6m。

(8) 管道穿过建筑物的变形缝时,应设置柔性短管。穿过墙体或楼板时应加设套管,套管长度不得小于墙体厚度,或应高出楼面或地面 50mm,管道的焊接环缝不得置于套管内。套管与管道的间隙应采用不燃材料填塞密实。

(9) 管道水平安装宜有 0.002~0.005 的坡度,且应坡向排水管;当局部区域难以利用排水管将水排净时,应采取相应的排水措施。当喷头少于 5 只,可在管道低凹处装加堵头,当喷头多于 5 只时宜装设带阀门的排水管。

(10) 配水干管、配水管应作红色或红色环圈标志。其目的是为了便于识别自动喷水灭火系统的供水管道,着红色与消防器材色标规定相一致。

(11) 管网在安装中断时,应将管道的敞口封闭。其目的是为了防止安装时造成异物自然或人为的进入管道、堵塞管网。

第二节 系统组件安装

要点 4: 喷头的安装

(1) 喷头安装应在系统试压、冲洗合格后进行。

（2）喷头安装后，不得对喷头进行拆装、改动，并严禁给喷头附加任何装饰性涂层。

（3）喷头安装应使用专用扳手，严禁利用喷头的框架施拧；喷头的框架、溅水盘产生变形或释放原件损伤时，应采用规格、型号相同的喷头更换。

（4）安装在易受机械损伤处的喷头，应加设喷头防护罩。

（5）喷头安装时，溅水盘与吊顶、门、窗、洞口或障碍物的距离应符合设计要求。

（6）安装前检查喷头的型号、规格，使用场所应符合设计要求。

（7）当喷头的公称直径小于 10mm 时，应在配水干管或配水管上安装过滤器。

（8）当喷头溅水盘高于附近梁底或高于宽度小于 1.2m 的通风管道、排管、桥架腹面时，喷头溅水盘高于梁底、通风管道、排管、桥架腹面的最大垂直距离应符合表 4-2～表 4-8 中的规定（图 4-1）。

喷头溅水盘高于梁底、通风管道腹面的最大垂直距离（直立与下垂喷头） 表 4-2

喷头与梁、通风管道、排管、桥架的水平距离 a（mm）	喷头溅水盘高于梁底、通风管道腹面的最大垂直距离 b（mm）
a＜300	0
300≤a＜600	90
600≤a＜900	190
900≤a＜1200	300
1200≤a＜1500	420
a≥1500	460

喷头溅水盘高于梁底、通风管道腹面的最大垂直距离（边墙型喷头与障碍物平行） 表 4-3

喷头与梁、通风管道、排管、桥架的水平距离 a（mm）	喷头溅水盘高于梁底、通风管道腹面的最大垂直距离 b（mm）
a＜150	25
150≤a＜450	80
450≤a＜750	150
750≤a＜1050	200
1050≤a＜1350	250
1350≤a＜1650	320
1650≤a＜1950	380
1950≤a＜2250	440

喷头溅水盘高于梁底、通风管道腹面的最大垂直距离（边墙型喷头与障碍物垂直） 表 4-4

喷头与梁、通风管道、排管、桥架的水平距离 a（mm）	喷头溅水盘高于梁底、通风管道腹面的最大垂直距离 b（mm）
a＜1200	不允许
1200≤a＜1500	25
1500≤a＜1800	80
1800≤a＜2100	150
2100≤a＜2400	230
a≥2400	360

喷头溅水盘高于梁底、通风管道腹面的最大垂直距离（大水滴喷头）　　表 4-5

喷头与梁、通风管道、排管、桥架的水平距离 a（mm）	喷头溅水盘高于梁底、通风管道腹面的最大垂直距离 b（mm）
$a<300$	0
$300 \leqslant a<600$	80
$600 \leqslant a<900$	200
$900 \leqslant a<1200$	300
$1200 \leqslant a<1500$	460
$1500 \leqslant a<1800$	660
$a \geqslant 1800$	790

喷头溅水盘高于梁底、通风管道腹面的最大垂直距离（扩大覆盖面直立与下垂喷头）　表 4-6

喷头与梁、通风管道、排管、桥架的水平距离 a（mm）	喷头溅水盘高于梁底、通风管道腹面的最大垂直距离 b（mm）
$a<450$	0
$450 \leqslant a<900$	25
$900 \leqslant a<1350$	125
$1350 \leqslant a<1800$	180
$1800 \leqslant a<2250$	280
$a \geqslant 2250$	360

喷头溅水盘高于梁底、通风管道腹面的最大垂直距离（ESFR 喷头）　　表 4-7

喷头与梁、通风管道、排管、桥架的水平距离 a（mm）	喷头溅水盘高于梁底、通风管道腹面的最大垂直距离 b（mm）
$a<300$	0
$300 \leqslant a<600$	80
$600 \leqslant a<900$	200
$900 \leqslant a<1200$	300
$1200 \leqslant a<1500$	460
$1500 \leqslant a<1800$	660
$a \geqslant 1800$	790

喷头溅水盘高于梁底、通风管道腹面的最大垂直距离（扩大覆盖面边墙型喷头）　表 4-8

喷头与梁、通风管道、排管、桥架的水平距离 a（mm）	喷头溅水盘高于梁底、通风管道腹面的最大垂直距离 b（mm）
$a<2240$	不允许
$2240 \leqslant a<3050$	25
$3050 \leqslant a<3350$	50
$3350 \leqslant a<3660$	75
$3660 \leqslant a<3960$	100
$3960 \leqslant a<4270$	150
$4270 \leqslant a<4570$	180
$4570 \leqslant a<4880$	230
$4880 \leqslant a<5180$	280
$a \geqslant 5180$	360

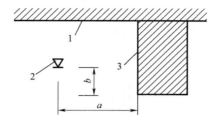

图 4-1 喷头与梁等障碍物的距离

1—顶棚或屋顶；2—喷头；3—障碍物

（9）当梁、通风管道、排管、桥架宽度大于 1.2m 时，增设的喷头应安装在其腹面以下部位。

（10）当喷头安装在不到顶的隔断附近时，喷头与隔断的水平距离和最小垂直距离应符合表 4-9～表 4-11 中的规定（图 4-2）。

喷头与隔断的水平距离和最小垂直距离（直立与下垂喷头） 表 4-9

喷头与隔断的水平距离 a（mm）	喷头与隔断的最小垂直距离 b（mm）
$a<150$	75
$150\leqslant a<300$	150
$300\leqslant a<450$	240
$450\leqslant a<600$	320
$600\leqslant a<750$	390
$a\geqslant750$	460

喷头与隔断的水平距离和最小垂直距离（扩大覆盖面喷头） 表 4-10

喷头与隔断的水平距离 a（mm）	喷头与隔断的最小垂直距离 b（mm）
$a<150$	80
$150\leqslant a<300$	150
$300\leqslant a<450$	240
$450\leqslant a<600$	320
$600\leqslant a<750$	390
$a\geqslant750$	460

喷头与隔断的水平距离和最小垂直距离（大水滴喷头） 表 4-11

喷头与隔断的水平距离 a（mm）	喷头与隔断的最小垂直距离 b（mm）
$a<150$	40
$150\leqslant a<300$	80
$300\leqslant a<450$	100
$450\leqslant a<600$	130
$600\leqslant a<750$	140
$750\leqslant a<900$	150

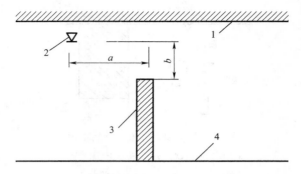

图 4-2　喷头与隔断障碍物的距离
1—顶棚或屋顶；2—喷头；3—障碍物；4—地板

要点 5：报警阀组附件的安装

报警阀组附件的安装应符合下列要求：
（1）压力表应安装在报警阀上便于观测的位置。
（2）排水管和试验阀应安装在便于操作的位置。
（3）水源控制阀安装应便于操作，且应有明显开闭标志和可靠的锁定设施。
（4）在报警阀与管网之间的供水干管上，应安装由控制阀、检测供水压力、流量用的仪表及排水管道组成的系统流量压力检测装置，其过水能力应与系统过水能力一致；干式报警阀组、雨淋报警阀组应安装检测时水流不进入系统管网的信号控制阀门。

要点 6：湿式报警阀组的安装

湿式报警阀组的安装应符合下列要求：
（1）应使报警阀前后的管道中能顺利充满水；压力波动时，水力警铃不应发生误报警。
（2）报警水流通路上的过滤器应安装在延迟器前，且便于排渣操作的位置。

要点 7：干式报警阀组的安装

干式报警阀组的安装应符合下列要求：
（1）应安装在不发生冰冻的场所。
（2）安装完成后，应向报警阀气室注入高度为 50～100mm 的清水。
（3）充气连接管接口应在报警阀气室充注水位以上部位，且充气连接管的直径不应小于 15mm；止回阀、截止阀应安装在充气连接管上。
（4）气源设备的安装应符合设计要求和国家现行有关标准的规定。
（5）安全排气阀应安装在气源与报警阀之间，且应靠近报警阀。
（6）加速器应安装在靠近报警阀的位置，且应有防止水进入加速器的措施。
（7）低气压预报警装置应安装在配水干管一侧。
（8）下列部位应安装压力表：

1）报警阀充水一侧和充气一侧。

2）空气压缩机的气泵和储气罐上。

3）加速器上。

（9）管网充气压力应符合设计要求。

要点 8：雨淋阀组的安装

雨淋阀组的安装应符合下列要求：

（1）雨淋阀组可采用电动开启、传动管开启或手动开启，开启控制装置的安装应安全可靠。水传动管的安装应符合湿式系统有关要求。

（2）预作用系统雨淋阀组后的管道若需充气，其安装应按干式报警阀组有关要求进行。

（3）雨淋阀组的观测仪表和操作阀门的安装位置应符合设计要求，并应便于观测和操作。

（4）雨淋阀组手动开启装置的安装位置应符合设计要求，且在发生火灾时应能安全开启和便于操作。

（5）压力表应安装在雨淋阀的水源一侧。

要点 9：水流指示器的安装

水流指示器的安装应符合下列要求：

（1）水流指示器的安装应在管道试压和冲洗合格后进行，水流指示器的规格、型号应符合设计要求。

（2）水流指示器应使电器元件部位竖直安装在水平管道上侧，其动作方向应和水流方向一致；安装后的水流指示器桨片、膜片应动作灵活，不应与管壁发生碰擦。

要点 10：减压阀的安装

（1）减压阀安装应在供水管网试压、冲洗合格后进行。

（2）减压阀安装前应检查：其规格型号应与设计相符；阀外控制管路及导向阀各连接件不应有松动；外观应无机械损伤，并应清除阀内异物。

（3）减压阀水流方向应与供水管网水流方向一致。

（4）应在进水侧安装过滤器，并宜在其前后安装控制阀。

（5）可调式减压阀宜水平安装，阀盖应向上。

（6）比例式减压阀宜垂直安装；当水平安装时，单呼吸孔减压阀其孔口应向下，双呼吸孔减压阀其孔口应呈水平位置。

（7）安装自身不带压力表的减压阀时，应在其前后相邻部位安装压力表。

要点 11：多功能水泵控制阀的安装

（1）安装应在供水管网试压、冲洗合格后进行。

（2）在安装前应检查：其规格型号应与设计相符；主阀各部件应完好；紧固件应齐全，无松动；各连接管路应完好，接头紧固；外观应无机械损伤，并应清除阀内异物。

（3）水流方向应与供水管网水流方向一致。

（4）出口安装其他控制阀时应保持一定间距，以便于维修和管理。

（5）宜水平安装，且阀盖向上。

（6）安装自身不带压力表的多功能水泵控制阀时，应在其前后相邻部位安装压力表。

（7）进口端不宜安装柔性接头。

要点 12：倒流防止器的安装

（1）应在管道冲洗合格以后进行。

（2）不应在倒流防止器的进口前安装过滤器或者使用带过滤器的倒流防止器。

（3）宜安装在水平位置，当竖直安装时，排水口应配备专用弯头。倒流防止器宜安装在便于调试和维护的位置。

（4）倒流防止器两端应分别安装闸阀，而且至少有一端应安装挠性接头。

（5）倒流防止器上的泄水阀不宜反向安装，泄水阀应采取间接排水方式，其排水管不应直接与排水管（沟）连接。

（6）安装完毕后，首次启动使用时，应关闭出水闸阀，缓慢打开进水闸阀，待阀腔充满水后，缓慢打开出水闸阀。

第五章　消防电气系统施工

第一节　消防电源及其配电

要点 1：安全电压

安全电压指的是 50V 以下特定电源供电的电压系列。

安全电压是为防止触电事故而采用的 50V 以下特定电源供电的电压系列，分为 42V、36V、24V、12V 和 6V 五个等级，按照不同的作业条件，选用不同的安全电压等级。建筑施工现场常用的安全电压有 12V、24V、36V。

特殊场所必须采用安全电压供电照明。

下列特殊场所必须采用安全电压供电照明：

（1）室内灯具离地面低于 2.4m，手持照明灯具，一般潮湿作业场所（地下室、潮湿室内、潮湿楼梯、人防工程、隧道以及有高温、导电灰尘等）的照明，电源电压应不大于 36V。

（2）在潮湿和易触及带电体场所的照明电源电压，应不大于 24V。

（3）在特别潮湿的场所，锅炉或金属容器内，导电良好的地面使用手持照明灯具等，照明电源电压不得超过 12V。

要点 2：施工现场临时用电档案管理

（1）施工现场临时用电必须建立安全技术档案，并应包括下列内容：

1）用电组织设计的全部资料。

2）修改用电组织设计的资料。

3）用电技术交底资料。

4）用电工程检查验收表。

5）电气设备的试、检验凭单和调试记录。

6）接地电阻、绝缘电阻和漏电保护器漏电动作参数测定记录表。

7）定期检（复）查表。

8）电工安装、巡检、维修、拆除工作记录。

（2）安全技术档案应由主管该现场的电气技术人员负责建立与管理。其中"电工安装、巡检、维修、拆除工作记录"可指定电工代管，每周由项目经理审核认可，并应在临时用电工程拆除后统一归档。

（3）临时用电工程应定期检查。定期检查时，应复查接地电阻值和绝缘电阻值。检查周期最长可为：施工现场每月一次，基层公司每季一次。

（4）临时用电工程定期检查应按分部、分项工程进行，对安全隐患必须及时处理，并应履行复查验收手续。

要点 3：消防电源的负荷分级

（1）电力负荷应根据对供电可靠性的要求及中断供电在对人身安全、经济损失上所造成的影响程度进行分级，并应符合下列规定：

1）符合下列情况之一时，应视为一级负荷：

① 中断供电将造成人身伤害时。

② 中断供电将在经济上造成重大损失时。

③ 中断供电将影响重要用电单位的正常工作。

2）在一级负荷中，当中断供电将造成人员伤亡或重大设备损坏或发生中毒、爆炸和火灾等情况的负荷，以及特别重要场所的不允许中断供电的负荷，应视为一级负荷中特别重要的负荷。

3）符合下列情况之一时，应视为二级负荷：

① 中断供电将在经济上造成较大损失时。

② 中断供电将影响重要用电单位的正常工作。

4）不属于一级和二级负荷者应为三级负荷。

（2）一级负荷应由双重电源供电，当一电源发生故障时，另一电源不应同时受到损坏。

（3）一级负荷中特别重要的负荷供电，应符合下列要求：

1）除应由双重电源供电外，尚应增设应急电源，并严禁将其他负荷接入应急供电系统。

2）设备的供电电源的切换时间，应满足设备允许中断供电的要求。

（4）二级负荷的供电系统，宜由两回线路供电。在负荷较小或地区供电条件困难时，二级负荷可由一回 6kV 及以上专用的架空线路供电。

要点 4：消防用电设备的电源的要求

（1）下列建筑物的消防用电应按一级负荷供电：

1）建筑高度大于 50m 的乙、丙类厂房和丙类仓库。

2）一类高层民用建筑。

（2）下列建筑物、储罐（区）和堆场的消防用电应按二级负荷供电：

1）室外消防用水量大于 30L/s 的厂房（仓库）。

2）室外消防用水量大于 35L/s 的可燃材料堆场、可燃气体储罐（区）和甲、乙类液体储罐（区）。

3）粮食仓库及粮食筒仓。

4）二类高层民用建筑。

5）座位数超过 1500 个的电影院、剧场。座位数超过 3000 个的体育馆，任一层建筑面积大于 3000m² 的商店和展览建筑，省（市）级及以上的广播电视、电信和财贸金融建筑，室外消防用水量大于 25L/s 的其他公共建筑。

（3）除上述（1）、（2）规定外的建筑物、储罐（区）和堆场等的消防用电，可按三级负荷供电。

（4）消防用电按一、二级负荷供电的建筑，当采用自备发电设备作备用电源时，自备发电设备应设置自动和手动启动装置。当采用自动启动方式时，应能保证在 30s 内供电。

不同级别负荷的供电电源应符合现行国家标准《供配电系统设计规范》（GB 50052—2009）的规定。

要点 5：消防配电线路的敷设

消防配电线路应满足火灾时连续供电的需要，其敷设应符合下列规定：

（1）明敷时（包括敷设在吊顶内），应穿金属导管或采用封闭式金属槽盒保护，金属导管或封闭式金属槽盒应采取防火保护措施；当采用阻燃或耐火电缆并敷设在电缆井、沟内时，可不穿金属导管或采用封闭式金属槽盒保护；当采用矿物绝缘类不燃性电缆时，可直接明敷。

（2）暗敷时，应穿管并应敷设在不燃性结构内且保护层厚度不应小于 30mm。

（3）消防配电线路宜与其他配电线路分开敷设在不同的电缆井、沟内；确有困难需敷设在同一电缆井、沟内时，应分别布置在电缆井、沟的两侧，且消防配电线路应采用矿物绝缘类不燃性电缆。

要点 6：消防电源系统组成

向消防用电设备供给电能的独立电源称为消防电源。工业建筑、民用建筑、地下工程中的消防控制室、消防水泵、消防电梯、防排烟设施、火灾自动报警、自动灭火系统、应急照明、疏散指示标志和电动的防火门、卷帘门、阀门等消防设备用电的电源，都应该按照现行《供配电系统设计规范》（GB 50052—2009）、《低压配电设计规范》（GB 50054—2011）的规定设计。

若消防用电设备完全依靠城市电网供给电能，火灾时一旦失电，则势必影响早期报警、安全疏散和自动（或手动）灭火操作，甚至造成极为严重的人身伤亡和财产损失。因此，建筑电气设计中，必须认真考虑火灾消防用电设备的电能连续供给问题。如图 5-1 所示为一个典型的消防电源系统方框图，由电源、配电部分和消防用电设备三部分组成。

1. 电源

电源是将其他形式的能量（如机械能、化学能、核能等）转换成电能的装置。消防电源往往由几个不同用途的独立电源以一定的方式互相连接起来，构成一个电力网络进行供电，这样可以提高供电的可靠性和经济性。为了分析方便，一般可按照供电范围和时间的不同把消防电源分为主电源和应急电源两类。主电源指电力系统电源，应急电源可由自备柴油发电机组或蓄电池组担任。对于停电时间要求特别严格的消防用电设备，还可采用不停电电源（UPS）进行连续供电。此外，在火灾应急照明或疏散指示标志的光源处，需要获得交流电时，可增加把蓄电池直流电变为交流电的逆变器。

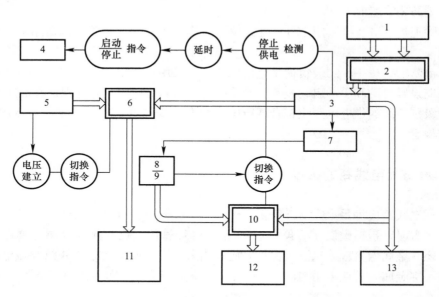

图 5-1　消防电源系统方框图

1—双回路电源；2—高压切换开关；3—低压变配电装置；4—柴油机；5—交流发电机；
6、10—应急电源切换开关；7—充电装置；8—蓄电池；9—逆变器；11—消防动力设备
（消防泵、消防电梯等）；12—应急事故照明与疏散指示标志；13—一般动力照明

　　消防用电设备如果完全依靠城市电网供给电能，火灾时一旦失电，势必给早期火灾报警、消防安全疏散、消防设备的自动和手动操作带来危害，甚至造成极为严重的人身伤亡和财产损失。这样的教训国内外皆有之，教训深刻，不可疏忽。所以，电源设计时，必须认真考虑火灾时消防用电设备的电能连续供给问题。

2. 配电部分

　　它是从电源到用电设备的中间环节，其作用是对电源进行保护、监视、分配、转换、控制和向消防用电设备输配电能。配电装置有：变电所内的高低压开关柜、发电机配电屏、动力配电箱、照明分配电箱、应急电源切换开关箱和配电干线与分支线路。配电装置应设在不燃区域内，设在防火分区时要有耐火结构，从电源到消防设备的配电线路，要用绝缘电线穿管理地敷设，或敷设在电缆竖井中。若明敷时应使用耐火的电缆槽盒。双回路配电线路应在末端配电箱处进行电源切换。值得注意的是，正常供电时切换开关一般长期闲置不用，为防止对切换开关的锈蚀，平时应定期对其维护保养，以确保火灾时能正常工作。

3. 消防用电设备

（1）消防用电设备的类型

消防用电设备，又称为消防负荷，可归纳为下面几类：

1）电力拖动设备。如消防水泵、消防电梯、排烟风机、防火卷帘门等。

2）电气照明设备。如消防控制室、变配电室、消防水泵房、消防电梯前室等处所，火灾时须提供照明灯具；人员聚集的会议厅、观众厅、走廊、疏散楼梯、安全疏散门等火

灾时人员聚集和疏散处所的照明和指示标志灯具。

3）火灾报警和警报设备。如火灾探测器、火灾报警控制器、火灾事故广播、消防专用电话、火灾警报装置等。

4）其他用电设备。如应急电源插座等。

（2）消防用电设备的设置要求

自备柴油发电机组通常设置在用电设备附近，这样电能输配距离短，可减少损耗和故障。电源电压多采用 220/380V，直接供给消防用电设备。只有少数照明才增设照明用控制变压器。

为确保火灾时电源不中断，消防电源及其配电系统应满足如下要求：

1）可靠性。火灾时若供电中断，会使消防用电设备失去作用，贻误灭火战机，给人民的生命和财产带来严重后果，因此，要确保消防电源及其配电线路的可靠性。可靠性是消防电源及其配电系统诸要求中首先应考虑的问题。

2）耐火性。火灾时消防电源及其配电系统应具有耐火、耐热、防爆性能，土建方面也应采用耐火材料构造，以保障不间断供电的能力。消防电源及其配电系统的耐火性保障主要是依靠消防设备电气线路的耐火性。

3）安全性。消防电源及其配电系统设计应符合电气安全规程的基本要求，保障人身安全，防止触电事故发生。

4）有效性。消防电源及其配电系统的有效性是要保证规范规定的供电持续时间，确保应急期间消防用电设备的有效获得电能并发挥作用。

5）科学性。在保证消防电源及其配电系统具有可靠性、耐火性、安全性和有效性前提下，还应确保其供电质量，力求系统接线简单，操作方便，投资省，运行费用低。

要点 7：消防设备供电系统

对电力负荷集中的高层建筑或一、二级电力负荷（消防负荷），一般采用单电源或双电源的双回路供电方式，用两个 10kV 电源进线和两台变压器构成消防主供电电源。

1. 一类建筑消防供电系统

一类建筑（一级消防负荷）的供电系统如图 5-2 所示。

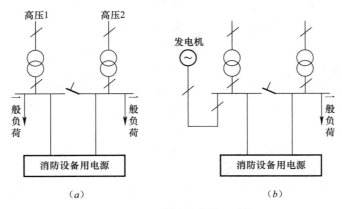

图 5-2 一类建筑消防供电系统

（a）不同电网；（b）同一电网

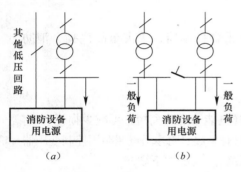

图 5-3　二类建筑消防供电系统

(a) 一路为低压电源；(b) 双回路电源

如图 5-2 (a) 表示采用不同电网构成双电源，两台变压器互为备用，单母线分段提供消防设备用电源。

如图 5-2 (b) 表示采用同一电网双回路供电，两台变压器备用，单母线分段，设置柴油发电机组作为应急电源向消防设备供电，与主供电电源互为备用，满足一级负荷要求。

2. 二类建筑消防供电系统

对于二类建筑（二级消防负荷）的供电系统如图 5-3 所示。

如图 5-3 (a) 表示由外部引来的一路低压电源与本部门电源（自备柴油发电机组）互为备用，供给消防设备电源。

如图 5-3 (b) 表示双回路供电，可满足二级负荷要求。

消防设备供电系统应能充分保证设备的工作性能，当火灾发生时能充分发挥消防设备的功能，将火灾损失降到最小。

要点 8：消防用电设备采用专用供电回路的重要性

实践中，尽管电源可靠，但如果消防设备的配电线路不可靠，仍不能保证消防用电设备供电可靠性，因此要求消防用电设备采用专用的供电回路，确保生产、生活用电被切断时，仍能保证消防供电。

如果生产、生活用电与消防用电的配电线路采用同一回路，火灾时，可能因电气线路短路或切断生产、生活用电，导致消防用电设备不能运行，因此，消防用电设备均应采用专用的供电回路。同时，消防电源宜直接取自建筑内设置的配电室的母线或低压电缆进线，且低压配电系统主接线方案应合理，以保证当切断生产、生活电源时，消防电源不受影响。

对于建筑的低压配电系统主接线方案，目前在国内建筑电气工程中采用的设计方案有不分组设计和分组设计两种。对于不分组方案，常见消防负荷采用专用母线段，但消防负荷与非消防负荷共用同一进线断路器或消防负荷与非消防负荷共用同一进线断路器和同一低压母线段。这种方案主接线简单、造价较低，但这种方案使消防负荷受非消防负荷故障的影响较大；对于分组设计方案，消防供电电源是从建筑的变电站低压侧封闭母线处将消防电源分出，形成各自独立的系统，这种方案主接线相对复杂，造价较高，但这种方案使消防负荷受非消防负荷故障的影响较小。图 5-4 给出了几种接线方案的示意做法。

当采用柴油发电机作为消防设备的备用电源时，要尽量设计独立的供电回路，使电源能直接与消防用电设备连接，参见图 5-5。

供电回路是指从低压总配电室或分配电室至消防设备或消防设备室（如消防水泵房、消防控制室、消防电梯机房等）最末级配电箱的配电线路。

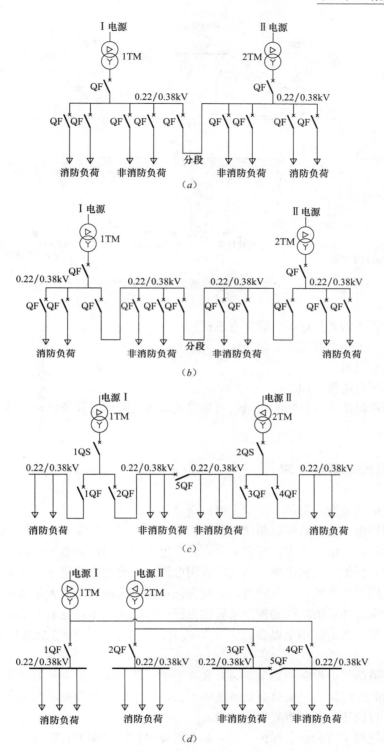

图 5-4　消防用电设备电源在变压器低压出线端设置单独主断路器示意
(a) 负荷不分组设计方案（一）；(b) 负荷不分组设计方案（二）；
(c) 负荷分组设计方案（一）；(d) 负荷分组设计方案（二）

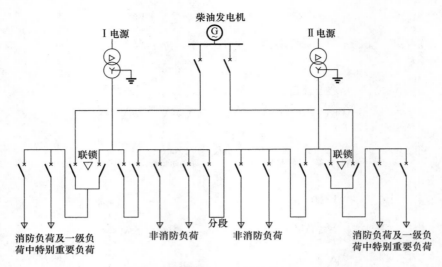

图 5-5　柴油发电机作为消防设备的备用电源的配电系统分组方案

对于消防设备的备用电源，通常有三种：

（1）独立于工作电源的市电回路。

（2）柴油发电机。

（3）应急供电电源（EPS）。

这些备用电源的供电时间和容量，均要求满足各消防用电设备设计持续运行时间最长者的要求。

要点 9：消防配电系统要求

为保证供电连续性，消防系统的配电应符合如下要求：

（1）消防用电设备的双路电源或双回路供电线路，应在末端配电箱处切换。火灾自动报警系统，应设有主电源和直流备用电源，其主电源应采用消防电源，直流备用电源宜采用火灾报警控制器的专用蓄电池。当直流备用电源采用消防系统集中设置的蓄电池时，火灾报警控制器应采用单独的供电回路，并能保证在消防系统处于最大负载状态下不影响报警控制器的正常工作。消防联动控制装置的直流操作电源电压，应采用 24V。

（2）配电箱到各消防用电设备，宜采用放射式供电。每一用电设备应有单独的保护设备。

（3）重要消防用电设备（如消防泵）允许不加过负荷保护。由于消防用电设备总运行时间不长，因此短时间的过负荷对设备危害不大，以争取时间保证顺利灭火。为了在灭火后及时检修，可设置过负荷声光报警信号。

（4）消防电源不宜装漏电保护，如有必要可设单相接地保护装置动作于信号。

（5）消防用电设备、疏散指示灯；设备、火灾事故广播及各层正常电源配电线路均应按防火分区或报警区域分别出线。

（6）所有消防电气设备均应与一般电气设备有明显的区别标志。

要点 10：主电源与应急电源连接

1. 首端切换

主电源与应急电源的首端切换方式如图 5-6 所示。消防负荷各独立馈电线分别接向应急母线，集中受电，并以放射式向消防用电设备供电。柴油发电机组向应急母线提供应急电源。应急母线则以一条单独馈线经自动开关（称联络开关）与主电源变电所低压母线相连接。正常情况下，该联络开关是闭合的，消防用电设备经应急母线由主电源供电。当主电源出现故障或因火灾而断开时，主电源低压母线失电，联络开关经延时后自动断开，柴油发电机组经 30s 启动后，仅向应急母线供电，实现首端切换目的并保证消防用电设备的可靠供电。这里联络开关引入延时的目的，是为了避免柴油发电机组因瞬间的电压骤降而进行不必要的启动。

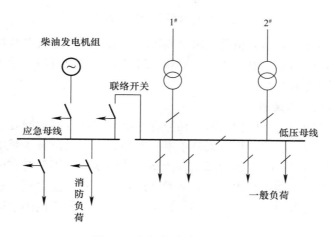

图 5-6　电源的首端切换方式

这种切换方式下，正常时应急电网实际变成了主电源供电电网的一个组成部分。消防用电设备馈电线在正常情况下和应急时都由一条线完成，节约导线且比较经济。但馈线一旦发生故障，它所连接的消防用电设备则失去电源。另外，由于选择柴油发电机容量时是依消防泵等大电机的启动容量来定的，备用能力较大，应急时只能供应消防电梯、消防泵、事故照明等少量消防负荷，从而造成了柴油发电机组设备利用率低的情况。

2. 末端切换

电源的末端切换是指引自应急母线和主电源低压母线的两条各自独立的馈线，在各自末端的事故电源切换箱内实现切换，如图 5-7 所示。由于各馈线是独立的，因而提高了供电的可靠性，但其馈线数量比首端切换增加了一倍。火灾时当主电源切断，柴油发电机组启动供电后，如果应急馈线出现故障，同样有使消防用电设备失电的可能。对于不停电电源装置，由于已经两级切换，两路馈线无论哪一回路出现故障对消防负荷都是可靠的。

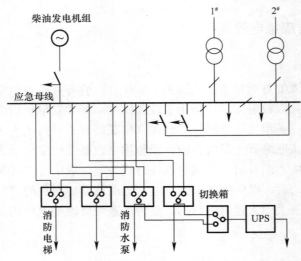

图 5-7　电源的末端切换方式

应当指出，根据建筑的消防负荷等级及其供电要求必须确定火灾监控系统连锁、联动控制的消防设备相应的电源配电方式，一级和二级消防负荷中的消防设备必须采用主电源与应急电源末端切换方式来配电。

3. 备用电源自动投入装置

当供电网路向消防负荷供电的同时，还应考虑电动机的自启动问题。如果网络能自动投入，但消防泵不能自动启动，仍然无济于事。特别是火灾时消防水泵电动机，自起动冲击电流往往会引起应急母线上电压的降低，严重时使电动机达不到应有的转矩，会使继电保护误动作，甚至会使柴油机熄火停车，从而使网路自动化不能实现，达不到火灾时应急供电、发挥消防用电设备投入灭火的目的。目前解决这一问题所用的手段是采用设备用电源自动投入装置（BZT）。

消防规范要求一类、二类消防负荷分别采用双电源、双回路供电。为保障供电可靠性，变配电所常用分段母线供电，BZI、则装在分段断路器上，如图5-8（a）所示。正常时，分段断路器断开，两段母线分段运行，当其中任一电源故障时，BZT装置将分段断路器合上，保证另一电源继续供电。当然，BZT装置也可装在备用电源的断路器上，如图5-8（b）所示。正常时，备用线路处于明备用状态，当工作线路故障时，备用线路自动投入。

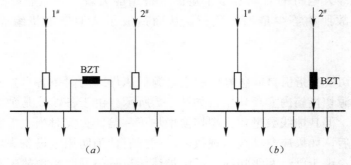

（a）　　　　　　　　　　　　（b）

图 5-8　备用电源自动投入装置

（a）BZT装在分段断路器上；（b）BZT装在备用电源的断路器上

BZT 装置不仅在高压线路中采用，在低压线路中也可以通过自动空气开关或接触器来实现其功能。图 5-9 所示是在双回路放射式供电线路末端负荷容量较小时，采用交流接触器的 BZT 接线来达到切换要求。图中，自动空气开关 1ZK、2ZK 作为短路保护用。正常运行中，处于闭合位置；当 1 号电源失压时，接触器主触头 1C 分断，常闭接点闭合，2C 线圈通电，将 2 号电源自动投入供电。此接线也可通过控制开关 1K 或 2K 进行手动切换电源。

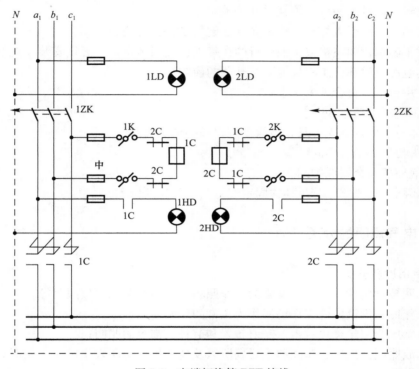

图 5-9　末端切换箱 BZT 接线

必须说明，切换开关的性能对应急电源能否适时投入影响很大。目前，电网供电持续率都比较高，有的地方可达每年只停电数分钟的程度，而供消防用的切换开关常是闲置不用。正因为电网的供电可靠性较高，切换开关就容易被忽视。鉴于此，对切换开关性能应有严格的要求。归纳起来有下列四点要求：

（1）绝缘性能良好，特别是平时不通电又不常用部分。

（2）通电性能良好。

（3）切换通断性能可靠，在长期处于不动作的状态下，一旦应急要立即投入。

（4）长期不维修，又能立即工作。

第二节　照明与安全疏散标志

要点 11：照明用电的安全防火要求

（1）临时照明线路必须使用绝缘导线。户内（工棚）临时线路的导线必须安装在距离地面高度为 2m 以上支架上；户外临时线路必须安装在离地高度为 2.5m 以上支架上，零星照明线不允许使用花线，一般应使用软电缆线。

（2）建设工程的照明灯具宜采用拉线开关。拉线开关距地面高度为 2～3m，与出、入口的水平距离为 0.15～0.2m。

（3）严禁在床头设立插座和开关。

（4）电器、灯具的相线必须经过开关控制。

不得将相线直接引入灯具，也不允许以电气插头代替开关。

（5）对于影响夜间飞机或车辆通行的在建工程或机械设备，必须安装设置醒目的红色信号灯。其电源应设在施工现场电源总开关的前侧。

（6）使用行灯应符合下列要求：

1）电源电压不超过 36V。

2）灯体与手柄应坚固可靠，绝缘良好，并耐热防潮湿。

3）灯头与灯体结合牢固可靠。

4）灯泡外部有金属保护网。

5）金属网、反光罩、悬吊挂钩固定在灯具的绝缘部位上。

要点 12：电气照明的分类

1. 按使用性质分类

电器照明按使用性质，一般又分为工作照明、装饰照明和事故照明等。

（1）工作照明供室内外工作场所作为正常的照明使用；

（2）装饰照明用于美化城市，橱窗布置和节日装饰等的照明；

（3）事故照明。工厂、车间和重要场所以及公共集会场所发生电源中断时，供继续工作或人员疏散的照明，如备用的照明灯具和紧急安全照明。

2. 按光源的发光原理分类

广泛应用于照明的电光源按发光原理分热辐射光源和气体发光光源两类。目前比较常用、而火灾危险性又较大的照明光源主要有白炽灯、荧光灯、高压汞灯和卤钨灯等。

（1）白炽灯（钨丝灯泡）

当电流通过封在玻璃灯泡中的钨丝时，使灯丝温度升高到 2000～3000℃，达到白炽程度而发光。灯泡一般都在抽成真空后再充入惰性气体。

（2）荧光灯

荧光灯由灯管、镇流器、启动器（又称启辉器）等组成。当灯管两端的灯丝通电发热和发射电子时，使管内的水银气化，并在弧光放电时发出紫外线，激发灯管内壁所涂的荧光物质，发出近似日光的可见光，因此也称日光灯。镇流器刚起动时，在起动器的配合下瞬时产生高电压，使灯管放电；而在正常工作时，又限制灯管中的电流。起动器的作用则是在起动时使电路自动接通和断开。它们相互之间，必须按容量配合选用。荧光灯与普通白炽灯比较，不仅光线柔和，而且消耗的电能相同时，其发光强度要高出 3～5 倍。

（3）高压汞灯（高压水银灯）

高压汞灯分镇流器式和自镇流式两种，它们的主要区别在于镇流元件不同，前者附有配套安装的镇流器；后者为装在灯泡内的镇流钨丝。其特点是光效高、用电省、寿命长和光色好。它的发光原理与荧光灯相似，主电极间产生弧光放电的时候，灯泡温度升高，水银气化发出可见光和紫外线，紫外线又激发内壁上的荧光粉而发光。

（4）卤钨灯

卤钨灯工作原理与白炽灯基本相同，区别是在卤钨灯的石英玻璃灯管内充入适量的碘或溴，可被高温蒸发。将出来的钨送回灯丝，延长了灯管的使用寿命。

3. 从防火角度分类

从防火角度上看，按灯具的结构型式可分为开启型、封闭型、防水、防尘型（隔尘型、密封型）。照明灯具结构特点见表5-1。

照明灯具结构特点　　　　　　　　　　　　　　　　表 5-1

结构型式	特 点		
开启型	灯泡和灯头直接和外界空间接触		
封闭型	玻璃罩与灯具的外壳之间有衬垫密封，与外界分隔，但内、外空气仍有有限流通		
防水、防尘型（隔尘型、密封型）	玻璃罩外缘与灯具外壳之间的衬垫用螺栓压紧密封，使内、外空气隔绝		
防爆型	玻璃罩本身及其固定处的灯具外壳，均能承受要求的压力，能安全使用在有爆炸介质的场所	防爆型（代号 B）	当灯具内部发生爆炸时，灯具铝盖及玻璃罩能承受灯具内的爆炸压力，火焰通过一定间隔的防爆面，不致引爆灯具外部的爆炸介质
		安全型（代号 A）	在正常运行时，不产生火花、电弧和危险温度，或者将正常运行时能产生火花、电弧的部件，装在灯具的单独隔爆小室内

要点 13：照明灯具的选择

照明灯具的选择应遵循以下原则：

（1）特别潮湿及有腐蚀性气体的场所，应采用密封型灯具，灯具的各种部件还应进行防腐处理。

（2）潮湿的厂房内和户外可采用封闭型灯具，亦可采用有防水灯座的开启型灯具。

（3）有爆炸性混合物或生产中易于产生爆炸介质的场所，应采用防爆型灯具；而爆炸危险场所的等级又有区别，还应选用不同型式的防爆型照明灯具。

（4）灼热多尘场所（如炼铁、炼钢、轧钢等场所）可采用投光灯。

（5）震动场所（如有空压机、锻锤、桥式起重机等）灯具应有防震措施（如采用吊链等软性连接）。

（6）可能直接受外来机械损伤的场所，应采用有保护网（罩）的灯具。

要点 14：照明灯具引起火灾的原因

照明设备是将电能转变为光能的一种设备。常用的主要有白炽灯、荧光灯、卤钨灯等。由于白炽灯、卤钨灯表面温度高，故火灾危险性较大。

（1）灯头温度高，容易烤着附近的可燃物。

（2）灯泡破碎，炽热灯丝能引燃可燃物。供电电压超过灯泡上所标的电压、大功率灯泡的玻璃壳受热不均、水滴溅在灯泡上等，都能引起灯泡爆碎。由于灯丝的温度较高，即使经过一段距离空气的冷却（灯泡距落地点的距离）仍有较高温度和一定的能量，能引起可燃物质的燃烧。

（3）灯头接触不良。灯头接触部分由于接触不良而发热或产生火花，以及灯头与玻璃壳松动时，拧动灯头而引起短路等，也有可能造成火灾事故。

（4）镇流器过热，能引起可燃物着火。镇流器正常工作时，由于镇流器本身也耗电，具有一定的温度，若散热条件不好或与灯管匹配不合理以及其他附件发生故障时，会使内部温度升高破坏线圈的绝缘强度，形成匝间短路，则产生高温，会将周围可燃物烤着起火。

要点 15：照明灯具引起火灾的预防

应按照环境场所的火灾危险性来选择不同类型的照明灯具，此外还应符合下列防火要求：

（1）白炽灯、高压汞灯与可燃物、可燃结构之间的距离不应小于 50cm，卤钨灯与可燃物之间的距离则应大于 50cm。

（2）卤钨灯灯管附近的导线应采用有石棉、玻璃丝、瓷珠（管）等耐热绝缘材料制成的护套，而不应直接使用具有延燃性绝缘的导线，以免灯管的高温破坏绝缘层，引起短路。

（3）灯泡距离地面的高度一般不应低于 2m。如必须低于此高度时，应采用必要的防护措施，可能会遇到碰撞的场所，灯泡应有金属或其他网罩防护。

（4）严禁用布、纸或其他可燃物遮挡灯具。

（5）灯泡的正下方不宜堆放可燃物品。

（6）室外或某些特殊场所的照明灯具应有防溅设施，以防水滴溅射到高温的灯泡表面，使灯泡炸裂，灯泡破碎后，应及时更换或将灯泡的金属头旋出。

（7）在 Q-1、G-1 级场所。当选用定型照明灯具有困难时，可将开启型照明灯具做成嵌墙式壁龛灯。它的检修门应向墙外开启，并确保有良好的通风；向室内照射的一面应有双层玻璃严密封闭，其中至少有一层必须是高强度玻璃。其安装位置不应设在门、窗及排风口的正上方。距门框、窗框的水平距离应不小于 3m；距排风口水平距离应不小于 5m。

（8）镇流器安装时应注意通风散热，不允许将镇流器直接固定在可燃天花板、吊顶或墙壁上，应用隔热的不燃材料进行隔离。

（9）镇流器与灯管的电压与容量必须相同，配套使用。

（10）灯具的防护罩必须保持完好无损，必要时应及时更换。

（11）可燃吊顶内暗装的灯具（全部或大部分在吊顶内）功率不宜过大，并应以白炽灯或荧光灯为主。灯具上方应保持一定的空间，有利于散热。

（12）明装吸顶灯具采用木制底台时，应在灯具与底台中间铺垫石棉板或石棉布。附带镇流器的各式荧光吸顶灯，应在灯具与可燃材料之间加垫瓷夹板隔热，禁止直接安装在可燃吊顶上。

（13）暗装灯具及其发热附件，周围应用不燃材料（石棉布或石棉板）做好防火隔热处理。安装条件不允许时，应将可燃材料刷以防火涂料。

（14）各种特效舞厅灯的电动机，不应直接接触可燃物，中间应铺垫防火隔热材料。

（15）可燃吊顶上所有暗装、明装灯具、舞台暗装彩灯，舞池脚灯的电源导线，均应穿钢管敷设。舞台暗装彩灯泡，舞池脚灯彩灯灯泡，其功率均宜在 40W 以下，最大不应大于 60W。彩灯之间导线应焊接，所有导线不应与可燃材料直接接触。

（16）大型舞厅在轻钢龙骨上以线吊方式安装的彩灯。导线穿过龙骨处应穿胶圈保护，以免导线绝缘破损造成短路。

要点 16：照明供电系统防火措施

照明供电系统包括照明总开关、熔断器、照明线路、灯具开关、灯头线、挂线盒、灯座等。由于这些零件和导线的电压等级及容量如选择不当，都会因超过负载、机械损坏等而导致火灾的发生。

1. 电气照明的控制方式

照明与动力如合用同一电源时，照明电源不应接在动力总开关之后，而应分别有各自的分支回路，所有照明线路均应设有短路保护装置。

2. 照明电压等级

照明电压一般采用 220V。

3. 负载及导线

电器照明灯具数和负载量一般要求是：一个分支回路内灯具数不应超过 20 个。照明电流量：民用不应超过 15A，工业用不应超过 20A。负载量应在严格计算后再确定导线规格，每一插座应以 2～3A 计入总负载量，持续电流应小于导线安全载流量。三相四线制照明电路，负载应均匀地分配在三相电源的各相。导线对地或线间绝缘电阻一般不应小于 0.5MΩ。

4. 事故照明

由于工作照明中断，容易引起火灾、爆炸以及人员伤亡，或产生重大影响的场所，应设置事故照明。事故照明灯应设置在可能引起事故的材料、设备附近和主要通道、出入口处或控制室，并涂以带有颜色的明显标志。事故照明灯一般不应采用启动时间较长的电光源。

5. 照明灯具安装使用的防火要求

（1）各种照明灯具安装前，应对灯座、开关、挂线盒等零件进行认真检查。发现松动、损坏的要及时修复或更换。

（2）开关应装在相线上，螺口灯座的螺口必须接在零线上。开关、插座、灯座的外壳均应完整无损，带电部分不得裸露在外面。

（3）功率在 150W 以上的开启式和 100W 以上的其他型式灯具，必须采用瓷质灯座，不准使用塑胶灯座。

（4）各零件必须符合电压、电流等级，不得过电压、过电流使用。

（5）灯头线在天棚挂线盒内应做保险扣，以避免接线端直接受力拉脱，产生火花。

（6）质量在 1kg 以上的灯具（吸顶灯除外），应用金属链吊装或用其他金属物支持（如采用铸铁底座和焊接钢管），以防坠落。重量超过 3kg 时，应固定在预埋的吊钩或螺栓上。轻钢龙骨上安装的灯具，原则上不能加重钢龙骨的荷载，凡灯具重量在 3kg 及以下者，必须在主龙骨上安装；3kg 及 3kg 以上者，必须以铁件作固定。

（7）灯具的灯头线不能有接头；需接地或接零的灯具金属外壳，应有接地螺栓与接地网连接。

（8）各式灯具装在易燃结构部位或暗装在木制吊平顶内时，在灯具周围应做好防火隔热处理。

（9）用可燃材料装修墙壁的场所，墙壁上安装的电源插座、灯具开关，电扇开关等应配金属接线盒，导线穿钢管敷设，要求与吊顶内导线敷设相同。

（10）特效舞厅灯安装前应进行检查：各部接线应牢固，通电试验所有灯泡无接触不良现象，电机运转平稳，温升正常，旋转部分没有异常响声。

（11）凡重要场所的暗装灯具（包括特制大型吊装灯具的安装），应在全面安装前做出同类型"试装样板"（包括防火隔热处理的全部装置），然后组织有关人员核定后再全面安装。

要点 17：消防应急照明

在发生火灾电网停电时，为人员安全疏散和有关火灾扑救人员继续工作而设置的照明，统称为消防应急照明。

火灾应急照明分为备用照明、疏散照明、安全照明。即：

（1）正常照明失效时，为继续工作（或暂时继续工作）而设的备用照明；

（2）为使人员在火灾情况下能从室内安全撤离至室外（某一安全地区）而设置的疏散照明；

（3）正常照明突然中断时，为确保处于潜在危险之中人员的安全而设置的安全照明。

要点 18：火灾时电光源的选择

火灾应急照明必须采用能瞬时点燃的光源，一般采用白炽灯、带快速启动装置的荧光灯等。当火灾应急照明作为正常照明的一部分经常点燃，且在发生故障时不需要切换电源的情况下，也可以采用其他光源，如普通荧光灯。

灯具的选用应与建筑的装饰水平相匹配，常采用的灯具有吸顶灯、深筒嵌入灯具、光带式嵌入灯具、荧光嵌入灯具等。但是，值得注意的是这些嵌入灯具要作散热处理，不得安装在易燃可燃材料上，且要保持一定防火间距。

对于火灾应急照明灯和疏散指示标志灯，为提高其在火灾中的耐火能力，应设玻璃或其他不燃烧材料制作的保护罩，目的是充分发挥其在火灾期间引导疏散的作用。

要点 19：消防应急照明的设置

设置火灾应急照明灯时需保证继续工作所需照度的场所，火灾应急照明灯的工作方式分为专用和混用两种：前者平时强行启点；后者与正常工作照明一样，平时即点亮作为工作照明的一部分，往往装有照明开关，必要时需在火灾事故发生后强行启点。高层住宅的楼梯间照明一般兼作火灾应急及疏散照明，通常楼梯灯采用定时自熄开关，因此需要具有火灾时强行启点功能。

火灾应急照明的电源可以是柴油发电机组、蓄电池组或电力网电源中任意两种组合，以满足双电源、双回路供电的要求。火灾应急照明在正常电源断电后，其电源转换时间应满足下列要求：疏散照明≤15s；备用照明≤15s（其中金融商业交易所≤1.5s）；安全照明≤0.5s。

对火灾应急照明可以集中供电，也可分散供电。大中型建筑多采用集中式供电，总配电箱设在建筑底层，以干线向各层照明配电箱供电，各层照明配电箱装于楼梯间或附近，每回路干线上连接的配电箱数不超过三个，此时的火灾应急照明电源无论是从专用干线分配电箱取得，还是从与正常照明混合使用的干线分配电箱取得，在有应急备用电源的地方，都要从最末一级的分配电箱中进行自动切换。国家工程建设消防技术标准规定，火灾应急照明灯具和灯光疏散指示标志的备用电源连续供电时间不应少于30min。

小型单元式火灾应急照明灯，蓄电池多为镍镉电池，或小型密封铅蓄电池。优点是可靠、灵活、安装方便。缺点是费用高、检查维护不便。

火灾应急照明灯应设玻璃或其他非燃烧材料制作的保护罩，通常除了透光部分设玻璃外，其外壳须用金属材料或难燃材料制成。一般，火灾应急照明灯平时不亮，当遇有火警时接受指令，按要求分区点亮或全部点亮。国家工程建设消防技术标准规定，火灾应急照明灯具宜设置在墙面的上部、顶棚上或出口的顶部。

要点20：疏散照明的设置

除建筑高度小于27m的住宅建筑外，民用建筑、厂房和丙类仓库的下列部位应设置疏散照明：

（1）封闭楼梯间、防烟楼梯间及其前室、消防电梯间的前室或合用前室、避难走道、避难层（间）。

（2）观众厅、展览厅、多功能厅和建筑面积大于200m² 的营业厅、餐厅、演播室等人员密集的场所。

（3）建筑面积大于100m² 的地下或半地下公共活动场所。

（4）公共建筑内的疏散走道。

（5）人员密集的厂房内的生产场所及疏散走道。

设置疏散照明可以使人们在正常照明电源被切断后，仍能以较快的速度逃生，是保证和有效引导人员疏散的设施。建筑内应设置疏散照明的部位主要为人员安全疏散必须经过的重要节点部位和建筑内人员相对集中、人员疏散时易出现拥堵情况的场所。

对于《建筑设计防火规范》（GB 50016—2014）未明确规定的场所或部位，设计师应根据实际情况，从有利于人员安全疏散需要出发考虑设置疏散照明，如生产车间、仓库、重要办公楼中的会议室等。

要点 21：疏散指示标志的增设

下列建筑或场所应在疏散走道和主要疏散路径的地面上增设能保持视觉连续的灯光疏散指示标志或蓄光疏散指示标志：

（1）总建筑面积大于 8000m² 的展览建筑。

（2）总建筑面积大于 5000m² 的地上商店。

（3）总建筑面积大于 500m² 的地下或半地下商店。

（4）歌舞娱乐放映游艺场所。

（5）座位数超过 1500 个的电影院、剧场，座位数超过 3000 个的体育馆、会堂或礼堂。

（6）车站、码头建筑和民用机场航站楼中建筑面积大于 3000m² 的候车、候船厅和航站楼的公共区。

这些场所内部疏散走道和主要疏散路线的地面上增设能保持视觉连续的疏散指示标志是辅助疏散指示标志，不能作为主要的疏散指示标志。

合理设置疏散指示标志，能更好地帮助人员快速、安全地进行疏散。对于空间较大的场所，人们在火灾时依靠疏散照明的照度难以看清较大范围的情况，依靠行走路线上的疏散指示标志，可以及时识别疏散位置和方向，缩短到达安全出口的时间。

第六章 其他消防灭火系统施工

第一节 气体灭火系统

要点 1：二氧化碳气体灭火原理

在常温条件下，CO_2 的物态为气相，它的临界温度是 31.4℃，临界压力为 7.4MPa（绝压）。固、气、液三相点为−56.6℃，该点压力为 0.52MPa（绝对压力）。在这个温度之下，液相将不复存在；而在这个温度之上，固相将不复存在。储存于低温容器中的 CO_2 是以气、液两相共存（温度−18℃，压力 2.17MPa），其压力会随温度的升高而增加。

二氧化碳灭火原理主要在于窒息。灭火中，释放出二氧化碳，稀释空气中的氧，氧含量的降低会使燃烧时热产生率减小，当热产生率减小至热散失率的程度时，燃烧就会停止，不同物质在不同氧含量条件下燃烧，热产生率是不同的，而热散失率却与燃烧物的结构有着密切的关系，因此，降低氧含量所需二氧化碳的灭火浓度，是针对燃烧对象通过试验进行测试而定。其次对于低压二氧化碳来说还会有冷却作用。在灭火过程中，当二氧化碳从储存系统中释放出来，随后压力骤降使得二氧化碳迅速由液态转变为气态；又由于焓降的关系，温度会急剧下降，当其达−56℃以下，气相的二氧化碳有一部分会转变成微细的固体粒子——干冰。而次时干冰的温度一般为−78℃。干冰吸取周围热量而升华，即能产生冷却燃烧物的作用，但冷却效果仅相当于水的十分之一。

要点 2：二氧化碳灭火系统类型

1. 按灭火方式分类

二氧化碳灭火系统按灭火方式分类可分为全淹没灭火系统和局部应用系统。

（1）全淹没灭火系统

全淹没灭火系统是由一套储存装置在规定时间内，向防护区喷射一定浓度的灭火剂，并使其均匀地充满整个防护区空间的系统。它由二氧化碳容器（钢瓶）、容器阀、管道、喷嘴、操纵系统及附属装置等组成。全淹没灭火系统应用于扑救封闭空间内的火灾。

采用全淹没灭火系统的防护区，应符合下列规定：

1）对气体、液体、电气火灾和固体表面火灾，在喷放二氧化碳前不能自动关闭的开口，其面积不应大于防护区总内表面积的 3%，且开口不应设在底面。

2）对固体深位火灾，除泄压口以外的开口，在喷放二氧化碳前应自动关闭。

3）防护区的围护结构及门、窗的耐火极限不应低于0.50h，吊顶的耐火极限不应低于0.25h；围护结构及门窗的允许压强不宜小于1200Pa。

4）防护区用的通风机和通风管道中的防火阀，在喷放二氧化碳前应自动关闭。

（2）局部应用系统

局部应用灭火系统应用于扑救不需封闭空间条件的具体保护对象的非深位火灾。

采用局部应用灭火系统的保护对象，应符合下列规定：

1）保护对象周围的空气流动速度不宜大于3m/s。必要时，应采取挡风措施。

2）在喷头与保护对象之间，喷头喷射角范围内不应有遮挡物。

3）当保护对象为可燃液体时，液面至容器缘口的距离不得小于150mm。

2. 按系统结构分类

按系统结构特点可分为管网系统和无管网系统。管网系统又可分为单元独立系统和组合分配系统。

（1）单元独立系统

单元独立系统是用一套灭火剂储存装置保护一个防护区的灭火系统。一般说来，用单元独立系统保护的防护区在位置上是单独的，离其他防护区较远不便于组合，或是两个防护区相邻，但有同时失火的可能。对于一个防护区包括两个以上封闭空间也可以用一个单元独立系统来保护，但设计时必须做到系统储存的灭火剂能满足这几个封闭空间同时灭火的需要，并能同时供给它们各自所需的灭火剂量。当两个防护区需要灭火剂量较多时，也可以采用两套或数套单元独立系统保护一个防护区，但设计时必须做到这些系统同步工作。

（2）组合分配系统

组合分配系统由一套灭火剂储存装置保护多个防护区。组合分配系统总的灭火剂储存量只考虑按照需要灭火剂最多的一个防护区配置，如果组合中某个防护区需要灭火，则通过选择阀、容器阀等控制，定向释放灭火剂。这种灭火系统的优点使储存容器数和灭火剂用量可以大幅度减少，有较高应用价值。

3. 按储压等级分类

按二氧化碳灭火剂在储存容器中的储压分类，可分为高压（储存）系统和低压（储存）系统。

（1）高压（储存）系统 高压（储存）系统，储存压力为5.17MPa。

高压储存容器中二氧化碳的温度与储存地点的环境温度有关。因此，容器必须能够承受最高预期温度时所产生的压力。储存容器中的压力还受二氧化碳灭火剂充填密度的影响。所以，在最高储存温度下的充填密度要注意控制。充填密度过大，会在环境温度升高时因液体膨胀造成保护膜片破裂而自动释放灭火剂。

（2）低压（储存）系统 低压（储存）系统，储存压力为2.07MPa。储存容器内二氧化碳灭火剂温度利用绝缘和制冷手段被控制在−18℃。典型的低压储存装置是压力容器外包一个密封的金属壳，壳内有绝缘体，在储存容器一端安装一个标准的空冷制冷机装置，它的冷却管装于储存容器内。该装置以电力操纵，用压力开关自动控制。

要点3：二氧化碳灭火系统的主要组件

二氧化碳灭火系统的主要组件有储存容器、容器阀、选择阀、单向阀、压力开关、喷嘴等。

1. 储存容器

二氧化碳容器有低压和高压两种。一般当二氧化碳储存量在10t以上才考虑采用低压容器，下面主要介绍高压容器。

（1）构造

二氧化碳容器由无缝钢管制成，内外均经防锈处理。容器上部装设容器阀，内部安装虹吸管。虹吸管内径不小于容器阀的通径，一般采用13～15mm，下端切成30°斜口，距瓶底约5～8mm。

（2）性能及作用

目前我国使用的二氧化碳容器工作压力为15MPa，容量40L，水压试验压力为22.5MPa。其作用是储存液态二氧化碳灭火剂。

（3）使用要求

1）钢瓶应固定牢固，确保在排放二氧化碳时，不会移动。

2）在使用中，每隔8～10年作水压试验一次，其永久膨胀率不得大于10%。凡未超过10%即为合格，打上水压试验钢印。超过10%则应报废。

3）水压试验前需先经内部清洁及检视，以查明容器内部有否裂痕等缺陷。

4）容器的充装率（每升容积充装的二氧化碳千克数）不宜过大。二氧化碳容器所受的内压是由充装率及温度来确定的。对于工作压力为15MPa，水压试验压力为22.5MPa的容器，其充装率不应大于0.68kg/L。这样才能保证在环境温度不超过45℃时容器内压力不致超过工作压力。

2. 容器阀

容器阀种类甚多，但都是由充装阀部分（截止阀或止回阀）、施放阀部分（截止阀或闸刀阀）和安全膜片组成。

（1）性能

1）容器阀的气密性要求很高，总装后需进行气密性试验。

2）容器阀上应安装安全阀，当温度达到50℃或压力超过18MPa时，安全片会自行破裂，放出二氧化碳气体，以防止钢瓶因超压而爆裂。

3）一般二氧化碳容器阀大都具有紧急手动装置，既能自动又能手动操作。为使阀门开启可靠，手动这一附加功能是必要的。

（2）作用

平时封闭容器，火灾时排放容器内储存的灭火剂；还通过它充装灭火剂和安装防爆安全阀。

（3）使用要求

1）瓶体上的螺纹型式必须与容器阀的锥形螺纹相吻合。在接合处一般不得使用填料。

2）先导阀在安装时需旋转手轮，使手轮轴处于最上位置，并插入保险销，套上保险铜丝栓，再加铅封。

3）气动阀相先导阀安装到容器上前，必须将活塞和活塞杆都上推至不工作（复位）位置，即离下阀体的配气阀面约 20mm 处。

4）对于同组内各容器的闸刀式容器阀，其闸刀行程及闸刀离工作铜膜片的间距必须协调一致。以保证刀口基本上均能同时闸破膜片。否则，不能同步，而是个别膜片先被闸破，则将会造成背压，以致难以再闸破同组的其余各容器上的膜片，对这一要求应予注意。

5）在搬运时，应防止闸刀转动，保证不破坏工作膜片。因而闸刀式容器阀在经装配试验合格后，必须用直径 1mm 的保险铁丝插入，将手柄固定，直至被安装到灭火装置时，才能将铁丝拆除。

6）电爆阀的电爆管每四年应更换一次，以防雷管变质，影响使用。

7）机械式闸刀瓶头阀上的连接钢丝绳应安装正确，防止钢丝绳及拉环、手柄动作时碰及障碍物。

8）检修时，对保险用的铜、铁丝、销及杠杆锁片应锁紧，修后再复原。检修量大时，还应拆除电爆阀的引爆部分。

（4）几种常用容器阀的结构形式

1）气动容器阀。一般二氧化碳灭火系统都由先导阀、电磁阀，气动阀组成施放部分。先导阀及配用的电磁阀装于启动用气瓶上。平时由电磁阀关住瓶中高压气体，只在接受火灾信号后，电磁阀才开放，高压气体便先后开启先导阀和安装在二氧化碳钢瓶上的气动阀而喷泄。

2）机械式闸刀容器阀。它安装在二氧化碳钢瓶上，其结构如图 6-1 所示。开启时，只需将手柄上钢丝绳牵动，闸刀杆便旋入，切破工作膜片，放出二氧化碳。该阀在单个瓶或少量瓶成组安装的管系中，应用较多。

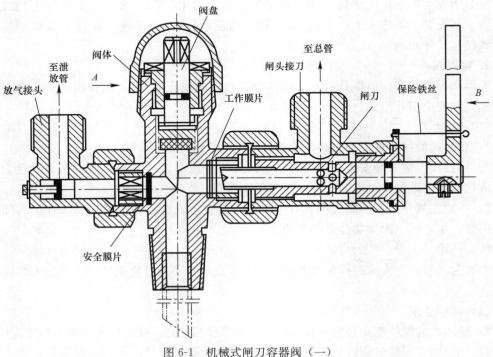

图 6-1 机械式闸刀容器阀（一）

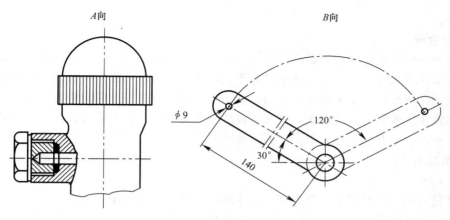

图 6-1 机械式闸刀容器阀（二）

3）膜片式容器阀。膜片式容器阀的结构如图 6-2 所示。主要由阀体、活塞杆及活塞刀、密封膜片、压力表等组成。

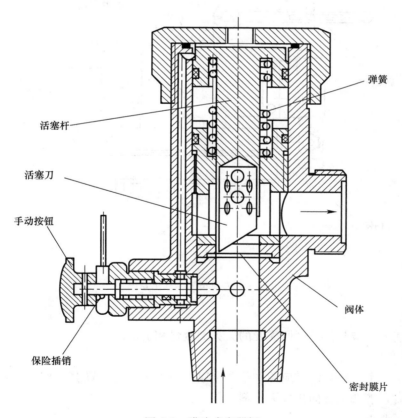

图 6-2 膜片式容器阀

工作原理是：平时阀体的出口与下腔由密封膜片隔绝，当外力压下启动手柄或启动气源进入上腔时，则压下活塞及活塞刀，刺破密封膜片，释放气体灭火剂。特点是结构简单，密封膜片的密封性能好，但释放气体灭火剂时阻力损失较大，每次使用后，需更换封膜片。

3. 安全阀

安全阀一般装置在储存容器的容器阀上以及组合分配系统中的集流管部分。在组合分配系统的集流管部分,由于选择阀平时处于关闭状态,所以从容器阀的出口处至选择阀的进口端之间,就形成了一个封闭的空间,而在此空间内形成一个危险的高压压力。为防止储存容器发生误喷射,因此在集流管末端设置一个安全阀或泄压装置,当压力值超过规定值时,安全阀自动开启泄压,保证管网系统的安全。

4. 选择阀

(1) 构造

按释放方式,一般可分电动式和气动式两种。电动式靠电爆管或电磁阀直接开启选择阀活门;气动式依靠由起动用气容器输送来的高压气体推开操纵活塞,而开放阀门。选择阀的结构如图 6-3 所示。

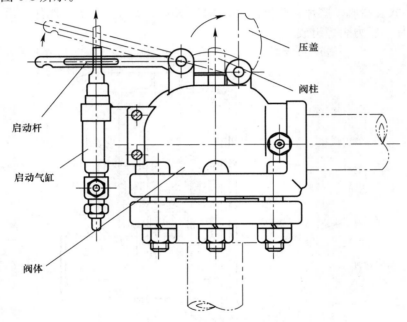

图 6-3　选择阀的结构示意图

(2) 性能

其流通能力,应与保护区所需要的灭火剂流量相适应。

(3) 作用

主要用于一个二氧化碳供应源供给两个以上保护区域的装置上。其作用为当某一保护区发生火灾时,能选定方向排放灭火剂。

(4) 使用要求

1) 灭火时,它应在容器阀开放之前或同时开启。

2) 应有紧急手动装置,并且安装高度一般为 0.8～1.5m。

5. 单向阀

单向阀是控制流动方向,在容器阀和集流管之间的管道上设置的单向阀是防止灭火剂的回流；气动气路上设置的单向阀是保证开启相应的选择阀和容器阀，这样有些管道可以共用。

6. 压力开关

（1）压力开关的用途

压力开关是将压力信号转换成电气信号。在气体灭火系统中，为及时、准确了解系统各部件在系统启动时的动作状态，一般在选择阀前后设置压力开关，以判断各部件的动作正确与否。虽然有些阀门本身带有动作检测开关，但用压力开关检测各部件的动作状态，则最为可靠。

（2）压力开关的结构与原理

压力开关它由壳体、波纹管或膜片、微动开关、接头座、推杆等组成。其动作原理是，当集流管或配管中灭火剂气体压力上升至设定值时，波纹管或膜片伸长，通过推杆或拨臂，拨动开关，使触点闭合或断开，来达到输出电气信号的目的。压力开关的构造如图 6-4 所示。

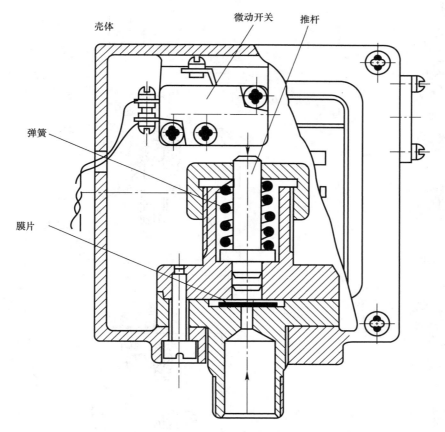

图 6-4　压力开关的结构示意图

7. 喷嘴

（1）构造

喷嘴构造应能使灭火剂在规定压力下雾化良好。喷嘴出口尺寸应能使喷嘴喷射时不会被冻结。目前我国常用的二氧化碳喷嘴的构造和基本尺寸见表 6-1。

我国常用的二氧化碳喷嘴的构造和基本尺寸　　　　　　　　表 6-1

喷嘴名称	构造及基本尺寸
二氧化碳 A 型喷嘴	
二氧化碳 B 型喷嘴	
二氧化碳 C 型喷嘴	

喷嘴名称	构造及基本尺寸
二氧化碳 PZ-1 型喷嘴	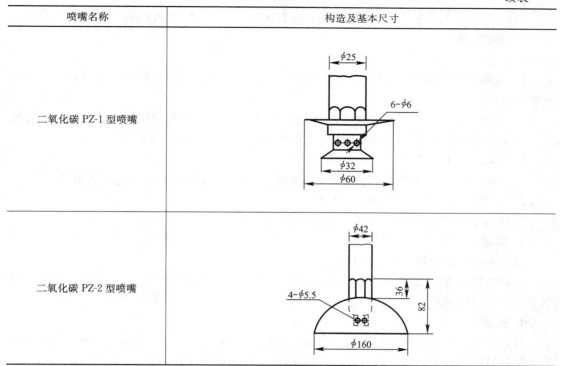
二氧化碳 PZ-2 型喷嘴	

（2）性能及作用

喷嘴的喷射能力应能使规定的灭火剂量在预定的时间内喷射完。通信设备室使用的喷嘴，一般喷射时间不超过 3.5min 为宜。其他保护对象，通常应在 1min 左右。喷嘴的作用是使灭火剂形成雾状向指定方向喷射。

（3）使用要求

为防止喷嘴堵塞，在喷嘴外应有防尘罩。防尘罩在施放灭火剂时受到压力会自行脱落。喷嘴的喷射压力不低于 1.4MPa。

要点 4：二氧化碳灭火系统各器件位置的选择

1. 容器组设置

（1）容器及其阀门、操作装置等，最好设置在被保护区域以外的专用站（室）内，站（室）内应尽量靠近被保护区，人员要易于接近；平时应关闭，不允许无关人员进入。

（2）容器储存地点的温度规定在 40℃ 以下，0℃ 以上。

（3）容器不能受日光直接照射。

（4）容器应设在振动、冲击、腐蚀等影响少的地点。在容器周围不得有无关的物件，以免妨碍设备的检查，维修和平稳可靠地操作。

（5）容器储存的地点应安装足够亮度的照明装置。

（6）储瓶间内储存容器可单排布置或双排布置，其操作面距离或相对操作面之间的距离不宜小于 1.0m。

（7）储存容器必须固定牢固，固定件及框架应作防腐处理。

（8）储瓶间设备的全部手动操作点，应有表明对应防护区名称的耐久标志。

2. 喷嘴位置

（1）全淹没系统

1）喷嘴的位置应使喷出的灭火剂在保护区域内迅速而均匀地扩散。通常应安装在靠近顶棚的地方。

2）当房高超过 5m 时，应在房高大约 1/3 的平面上装设附加喷嘴。当房高超过 10m 时，应在房高 1/3 和 2/3 的平面上安装附加喷嘴。

（2）局部应用系统

1）喷嘴的数量和位置，以使保护对象的所有表面均在喷嘴的有效射程内为准。

2）喷嘴的喷射方向应对准被保护物。

3）不要设在喷射灭火剂时会使可燃物飞溅的位置。

3. 探测器位置

（1）探测器的设置要求，应符合相关内容。

（2）由报警器引向探测器的电线，应尽量与电力电缆分开敷设，并应尽量避开可能受电信号干扰的区域或设备。

4. 报警器位置

（1）声响报警装置一般设在有人值班、尽量远离容易发生火灾的地方，其报警器应设在保护区域内或离保护对象 25m 以内、工作人员都能听到警报的地点。

（2）安装报警器的数量，如需要监控的地点不多，则一台报警器即可。如需要监控的地方较多，就需要总报警器和区域报警器联合使用。

（3）全淹没系统报警装置的电器设备，应设置在发生火灾时无燃烧危险，且易维修和不易受损坏的地点。

5. 启动、操纵装置位置

（1）启动容器应安装在灭火剂钢瓶组附近安全地点，环境温度应在 40℃以下。

（2）报警接收显示盘、灭火控制盘等均应安装在值班室内的同一操纵箱内。

（3）启动器和电气操纵箱安装高度一般为 0.8～1.5m。

要点 5：二氧化碳灭火系统联动控制

1. 一般要求

（1）二氧化碳灭火系统应设有自动控制、手动控制和机械应急操作三种启动方式；当局部应用灭火系统用于经常有人的保护场所时可不设自动控制。

（2）当采用火灾探测器时，灭火系统的自动控制应在接收到两个独立的火灾信号后才能启动，根据人员疏散要求，宜延迟启动，但延迟时间不应大于 30s。

（3）手动操作装置应设在防护区外便于操作的地方，并应能在一处完成系统启动的全部操作。局部应用灭火系统手动操作装置应设在保护对象附近。

对于采用全淹没灭火系统保护的防护区，应在其入口处设置手动、自动转换控制装置；有人工作时，应置于手动控制状态。

（4）二氧化碳灭火系统的供电与自动控制应符合现行国家标准《火灾自动报警系统设计规范》（GB 50116—2013）的有关规定。当采用气动动力源时，应保护系统操作与控制所需要的压力和用气量。

（5）低压系统制冷装置的供电应采用消防电源，制冷装置应采用自动控制，且应设手动操作装置。

设有火灾自动报警系统的场所，二氧化碳灭火系统的动作信号及相关警报信号，工作状态和控制状态均应能在火灾报警控制器上显示。

2. 联动控制过程

二氧化碳灭火系统联动控制内容有：火灾报警显示、灭火介质的自动释放灭火、切断保护区内的送排风机、关闭门窗及联动控制等。

当保护区发生火灾时，灾区产生的烟、温或光使保护区设置的两路火灾探测器（感烟、感热）报警，两路信号为"与"关系发至消防中心报警控制器上，驱动控制器一方面发声、光报警，另一方面发出联动控制信号（如停空调、关防火门等），待人员撤离后再发信号关闭保护区门。从报警开始延时约30s后发出指令启动二氧化碳储存容器，储存的二氧化碳灭火剂通过管道输送到保护区，经喷嘴释放灭火。如果手动控制，可按下启动按钮，其他同上，如图 6-5 所示。

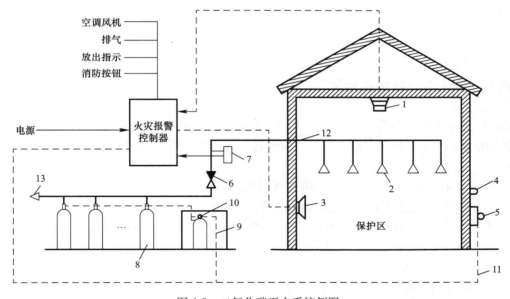

图 6-5 二氧化碳灭火系统例图

1—火灾探测器；2—喷头；3—警报器；4—放气指示灯；5—手动启动按钮；6—选择阀；7—压力开关；
8—二氧化碳钢瓶；9—启动气瓶；10—电磁阀；11—控制电缆；12—二氧化碳管线；13—安全阀

压力开关为监测二氧化碳管网的压力设备，当二氧化碳压力过低或过高时，压力开关将压力信号送至控制器，控制器发出开大或关小钢瓶阀门的指令，可释放介质。

为了实现准确而更快速灭火，当发生火灾时，用手直接开启二氧化碳容器阀，或将放气开关拉动，即可喷出二氧化碳灭火。这个开关一般装在房间门口附近墙上的一个玻璃面板内，火灾即将玻璃面板击破，就能拉动开关喷出二氧化碳气体，实现快速灭火。

装有二氧化碳灭火系统的保护场所（如变电所或配电室），一般都在门口加装选择开关，可就地选择自动或手动操作方式。当有工作人员进入里面工作时，为防止意外事故，即避免有人在里面工作时喷出二氧化碳影响健康，必须在入室之前把开关转到手动位置，离开时关门之后复归自动位置。同时也为避免无关人员乱动选择开关，宜用钥匙型转换开关。

要点6：材料进场检验

（1）管材、管道连接件的品种、规格、性能等应符合相应产品标准和设计要求。

（2）管材、管道连接件的外观质量除应符合设计规定外，尚应符合下列规定：

1）镀锌层不得有脱落、破损等缺陷。

2）螺纹连接管道连接件不得有缺纹、断纹等现象。

3）法兰盘密封面不得有缺损、裂痕。

4）密封垫片应完好无划痕。

（3）管材、管道连接件的规格尺寸、厚度及允许偏差应符合其产品标准和设计要求。

（4）对属于下列情况之一的灭火剂、管材及管道连接件，应抽样复验，其复验结果应符合国家现行产品标准和设计要求：

1）设计有复验要求的。

2）对质量有疑义的。

要点7：系统组件进场检验

（1）灭火剂储存容器及容器阀、单向阀、连接管、集流管、选择阀、安全泄放装置、阀驱动装置、喷嘴、检漏装置、信号反馈装置、减压装置等系统组件的外观质量应符合下列规定：

1）系统组件无碰撞变形及其他机械性损伤。

2）组件外露非机械加工表面保护涂层完好。

3）组件所有外露接口均设有防护堵、盖，且封闭良好，接口螺纹和法兰密封面无损伤。

4）铭牌清晰、牢固、方向正确。

5）同一规格的灭火剂储存容器，其高度差不宜大于20mm。

6）同一规格的驱动气体储存容器，其高度差不宜大于10mm。

（2）灭火剂储存容器及容器阀、单向阀、连接管、集流管、选择阀、安全泄放装置、阀驱动装置、喷嘴、信号反馈装置、检漏装置、减压装置等系统组件应符合下列规定：

1）品种、规格、性能等应符合国家现行产品标准和设计要求。

2）设计有复验要求或对质量有疑义时，应抽样复验，复验结果应符合国家现行产品标准和设计要求。

（3）灭火剂储存容器内的充装量、充装压力及充装系数、装量系数，应符合下列规定：

1）灭火剂储存容器的充装量、充装压力应符合设计要求，充装系数或装量系数应符合设计规范规定。

2）不同温度下灭火剂的储存压力应按相应标准确定。

（4）阀驱动装置应符合下列规定：

1）电磁驱动器的电源电压应符合系统设计要求。通电检查电磁铁芯，其行程应能满足系统启动要求，且动作灵活，无卡阻现象。

2）气动驱动装置储存容器内气体压力不应低于设计压力，且不得超过设计压力的5％，气体驱动管道上的单向阀应启闭灵活，无卡阻现象。

3）机械驱动装置应传动灵活，无卡阻现象。

（5）低压二氧化碳灭火系统储存装置，柜式气体灭火装置、热气溶胶灭火装置等预制灭火系统产品应进行检查。

要点8：灭火剂储存装置的安装

（1）储存装置的安装位置应符合设计文件的要求。

（2）灭火剂储存装置安装后，泄压装置的泄压方向不应朝向操作面。低压二氧化碳灭火系统的安全阀应通过专用的泄压管接到室外。

（3）储存装置上压力计、液位计、称重显示装置的安装位置应便于人员观察和操作。

（4）储存容器的支、框架应固定牢靠，并应做防腐处理。

（5）储存容器宜涂红色油漆，正面应标明设计规定的灭火剂名称和储存容器的编号。

（6）安装集流管前应检查内腔，确保清洁。

（7）集流管上的泄压装置的泄压方向不应朝向操作面。

（8）连接储存容器与集流管间的单向阀的流向指示箭头应指向介质流动方向。

（9）集流管应固定在支、框架上。支、框架应固定牢靠，并做防腐处理。

（10）集流管外表面宜涂红色油漆。

要点9：选择阀及信号反馈装置的安装

（1）选择阀操作手柄应安装在操作面一侧，当安装高度超过1.7m时应采取便于操作的措施。

（2）采用螺纹连接的选择阀，其与管网连接处宜采用活接。

（3）选择阀的流向指示箭头应指向介质流动方向。

（4）选择阀上应设置标明防护区或保护对象名称或编号的永久性标志牌，并应便于观察。

（5）信号反馈装置的安装应符合设计要求。

要点10：阀驱动装置的安装

（1）拉索式机械驱动装置的安装应符合下列规定：

1）拉索除必要外露部分外，应采用经内外防腐处理的钢管防护。

2）拉索转弯处应采用专用导向滑轮。

3）拉索末端拉手应设在专用的保护盒内。

4）拉索套管和保护盒应固定牢靠。

（2）安装以重力式机械驱动装置时，应保证重物在下落行程中无阻挡，其下落行程应保证驱动所需距离，且不得小于 25mm。

（3）电磁驱动装置驱动器的电气连接线应沿固定灭火剂储存容器的支、框架或墙面固定。

（4）气动驱动装置的安装应符合下列规定：

1）驱动气瓶的支、框架或箱体应固定牢靠，并做防腐处理。

2）驱动气瓶上应有标明驱动介质名称、对应防护区或保护对象名称或编号的永久性标志，并应便于观察。

（5）气动驱动装置的管道安装应符合下列规定：

1）管道布置应符合设计要求。

2）竖直管道应在其始端和终端设防晃支架或采用管卡固定。

3）水平管道应采用管卡固定。管卡的间距不宜大于 0.6m。转弯处应增设 1 个管卡。

（6）气动驱动装置的管道安装后应做气压严密性试验，并合格。

要点 11：灭火剂输送管道的安装

（1）灭火剂输送管道连接应符合下列规定：

1）采用螺纹连接时，管材宜采用机械切割；螺纹不得有缺纹、断纹等现象；螺纹连接的密封材料应均匀附着在管道的螺纹部分，拧紧螺纹时，不得将填料挤入管道内；安装后的螺纹根部应有 2～3 条外露螺纹；连接后，应将连接处外部清理干净并做防腐处理。

2）采用法兰连接时，衬垫不得凸入管内，其外边缘宜接近螺栓，不得放双垫或偏垫。连接法兰的螺栓，直径和长度应符合标准，拧紧后，凸出螺母的长度不应大于螺杆直径的 1/2 且保有不少于 2 条外露螺纹。

3）已防腐处理的无缝钢管不宜采用焊接连接，与选择阀等个别连接部位需采用法兰焊接连接时，应对被焊接损坏的防腐层进行二次防腐处理。

（2）管道穿过墙壁、楼板处应安装套管。套管公称直径比管道公称直径至少应大 2 级，穿墙套管长度应与墙厚相等，穿楼板套管长度应高出地板 50mm。管道与套管间的空隙应采用防火封堵材料填塞密实。当管道穿越建筑物的变形缝时，应设置柔性管段。

（3）管道支、吊架的安装应符合下列规定：

1）管道应固定牢靠，管道支、吊架的最大间距应符合表 6-2 的规定。

支、吊架之间最大间距　　　　　　　　　　　　　　　　　　　　表 6-2

DN（mm）	15	20	25	32	40	50	65	80	100	150
最大间距（m）	1.5	1.8	2.1	2.4	2.7	3.0	3.4	3.7	4.3	5.2

2）管道末端应采用防晃支架固定，支架与末端喷嘴间的距离不应大于 500mm。

3）公称直径大于或等于 50mm 的主干管道，垂直方向和水平方向至少应各安装 1 个防晃支架，当穿过建筑物楼层时，每层应设 1 个防晃支架。当水平管道改变方向时，应增设防晃支架。

（4）灭火剂输送管道安装完毕后，应进行强度试验和气压严密性试验，并合格。

（5）灭火剂输送管道的外表面宜涂红色油漆。在吊顶内、活动地板下等隐蔽场所内的管道，可涂红色油漆色环，色环宽度不应小于 50mm。每个防护区或保护对象的色环宽度应一致，间距应均匀。

要点 12：喷嘴的安装

（1）喷嘴安装时应按设计要求逐个核对其型号、规格及喷孔方向。

（2）安装在吊顶下的不带装饰罩的喷嘴，其连接管管端螺纹不应露出吊顶；安装在吊顶下的带装饰罩的喷嘴，其装饰罩应紧贴吊顶。

要点 13：预制灭火系统的安装

（1）柜式气体灭火装置、热气溶胶灭火装置等预制灭火系统及其控制器、声光报警器的安装位置应符合设计要求，并固定牢靠。

（2）柜式气体灭火装置、热气溶胶灭火装置等预制灭火系统装置周围空间环境应符合设计要求。

要点 14：控制组件的安装

（1）灭火控制装置的安装应符合设计要求，防护区内火灾探测器的安装应符合国家标准《火灾自动报警系统施工及验收规范》（GB 50166—2007）的规定。

（2）设置在防护区处的手动、自动转换开关应安装在防护区入口便于操作的部位，安装高度为中心点距地（楼）面 1.5m。

（3）手动启动、停止按钮应安装在防护区入口便于操作的部位，安装高度为中心点距地（楼）面 1.5m；防护区的声光报警装置安装应符合设计要求，并应安装牢固，不得倾斜。

（4）气体喷放指示灯宜安装在防护区入口的正上方。

要点 15：系统调试

1. 一般规定

（1）气体灭火系统的调试应在系统安装完毕，并宜在相关的火灾报警系统和开口自动关闭装置、通风机械和防火阀等联动设备的调试完成后进行。

（2）气体灭火系统调试前应具备完整的技术资料，并应符合《气体灭火系统施工及验收规范》（GB 50263—2007）中的有关规定。

（3）调试前应按《气体灭火系统施工及验收规范》（GB 50263—2007）第 4 章和第 5

章的规定检查系统组件和材料的型号、规格、数量以及系统安装质量，并应及时处理所发现的问题。

（4）进行调试试验时，应采取可靠措施，确保人员和财产安全。

（5）调试项目应包括模拟启动试验、模拟喷气试验和模拟切换操作试验，并应填写施工过程检查记录。

（6）调试完成后应将系统各部件及联动设备恢复正常状态。

2. 调试

（1）调试时，应对所有防护区或保护对象进行系统手动、自动模拟启动试验，并应合格。

（2）调试时，应对所有防护区或保护对象进行模拟喷气试验，并应合格。

柜式气体灭火装置、热气溶胶灭火装置等预制灭火系统的模拟喷气试验宜各取1套分别按产品标准中有关"联动试验"的规定进行试验。

（3）设有灭火剂备用量且储存容器连接在同一集流管上的系统应进行模拟切换操作试验，并应合格。

要点 16：系统验收

1. 一般规定

（1）系统验收时，应具备下列文件：

1）系统验收申请报告。

2）施工现场质量管理检查记录。

3）相关技术资料。

4）竣工文件。

5）施工过程检查记录。

6）隐蔽工程验收记录。

（2）系统工程验收进行资料核查；并进行工程质量验收，验收项目有1项为不合格时判定系统为不合格。

（3）气体灭火系统验收合格后，应将系统恢复到正常工作状态。

（4）验收合格后，应向建设单位移交下列资料：施工现场质量管理检查记录、气体灭火系统工程施工过程检查记录、隐蔽工程验收记录、气体灭火系统工程质量控制资料核查记录、气体灭火系统工程质量验收记录、相关文件、记录、资料清单等。

2. 防护区或保护对象与储存装置间验收

（1）防护区或保护对象的位置、用途、划分、几何尺寸、开口、通风、环境温度、可燃物的种类、防护区围护结构的耐压、耐火极限及门、窗可自行关闭装置应符合设计要求。

（2）防护区下列安全设施的设置应符合设计要求。

1）防护区的疏散通道、疏散指示标志和应急照明装置。

2）防护区内和入口处的声光报警装置、气体喷放指示灯、入口处的安全标志。

3）无窗或固定窗扇的地上防护区和地下防护区的排气装置。

　　4）门窗设有密封条的防护区的泄压装置。

　　5）专用的空气呼吸器或氧气呼吸器。

　　（3）储存装置间的位置、通道、耐火等级、应急照明装置、火灾报警控制装置及地下储存装置间机械排风装置应符合设计要求。

　　（4）火灾报警控制装置及联动设备应符合设计要求。

　　3．设备和灭火剂输送管道验收

　　（1）灭火剂储存容器的数量、型号和规格，位置与固定方式，油漆和标志，以及灭火剂储存容器的安装质量应符合设计要求。

　　（2）储存容器内的灭火剂充装量和储存压力应符合设计要求。

　　（3）集流管的材料、规格、连接方式、布置及其泄压装置的泄压方向应符合设计要求和"要点8：灭火剂储存装置的安装"中的有关规定。

　　（4）选择阀及信号反馈装置的数量、型号、规格、位置、标志及其安装质量应符合设计要求和"要点9：选择阀及信号反馈装置的安装"中的有关规定。

　　（5）阀驱动装置的数量、型号、规格和标志，安装位置，气动驱动装置中驱动气瓶的介质名称和充装压力，以及气动驱动装置管道的规格、布置和连接方式应符合设计要求和"要点10：阀驱动装置的安装"中的有关规定。

　　（6）驱动气瓶和选择阀的机械应急手动操作处，均应有标明对应防护区或保护对象名称的永久标志。

　　驱动气瓶的机械应急操作装置均应设安全销并加铅封，现场手动启动按钮应有防护罩。

　　（7）灭火剂输送管道的布置与连接方式、支架和吊架的位置及间距、穿过建筑构件及其变形缝的处理、各管段和附件的型号规格以及防腐处理和涂刷油漆颜色，应符合设计要求和"要点11：灭火剂输送管道的安装"中的有关规定。

　　（8）喷嘴的数量、型号、规格、安装位置和方向，应符合设计要求和"要点12：喷嘴的安装"中的有关规定。

　　4．系统功能验收

　　（1）系统功能验收时，应进行模拟启动试验，并合格。

　　（2）系统功能验收时，应进行模拟喷气试验，并合格。

　　（3）系统功能验收时，应对设有灭火剂备用量的系统进行模拟切换操作试验，并合格。

　　（4）系统功能验收时，应对主、备用电源进行切换试验，并合格。

要点17：系统的维护管理

　　（1）气体灭火系统投入使用时，应具备下列文件，并应有电子备份档案，永久储存：

　　1）系统及其主要组件的使用、维护说明书。

　　2）系统工作流程图和操作规程。

　　3）系统维护检查记录表。

　　4）值班员守则和运行日志。

（2）气体灭火系统应由经过专门培训，并经考试合格的专人负责定期检查和维护。

（3）应按检查类别规定对气体灭火系统进行检查，并做好检查记录。检查中发现的问题应及时处理。

（4）与气体灭火系统配套的火灾自动报警系统的维护管理应按《火灾自动报警系统施工及验收规范》（GB 50116—2007）执行。

（5）每日应对低压二氧化碳储存装置的运行情况、储存装置间的设备状态进行检查并记录。

（6）每月检查应符合下列要求：

1）低压二氧化碳灭火系统储存装置的液位计检查，灭火剂损失 10％时应及时补充。

2）高压二氧化碳灭火系统、七氟丙烷管网灭火系统及 IG541 灭火系统等系统的检查内容及要求应符合下列规定：

① 灭火剂储存容器及容器阀、单向阀、连接管、集流管、安全泄放装置、选择阀、阀驱动装置、喷嘴、信号反馈装置、检漏装置、减压装置等全部系统组件应无碰撞变形及其他机械性损伤，表面应无锈蚀，保护涂层应完好，铭牌和保护对象标志牌应清晰，手动操作装置的防护罩、铅封和安全标志应完整。

② 灭火剂和驱动气体储存容器内的压力，不得小于设计储存压力的 90％。

③ 预制灭火系统的设备状态和运行状况应正常。

（7）每季度应对气体灭火系统进行 1 次全面检查，并应符合下列规定：

1）可燃物的种类、分布情况，防护区的开口情况，应符合设计规定。

2）储存装置间的设备、灭火剂输送管道和支、吊架的固定，应无松动。

3）连接管应无变形、裂纹及老化。必要时，送法定质量检验机构进行检测或更换。

4）各喷嘴孔口应无堵塞。

5）对高压二氧化碳储存容器逐个进行称重检查，灭火剂净重不得小于设计储存量的 90％。

6）灭火剂输送管道有损伤与堵塞现象时，应进行严密性试验和吹扫。

（8）每年应按对每个防护区进行 1 次模拟启动试验，并进行 1 次模拟喷气试验。

（9）低压二氧化碳灭火剂储存容器的维护管理应按国家现行《压力容器安全技术监察规程》的规定执行；钢瓶的维护管理应按国家现行《气瓶安全监察规程》的规定执行。灭火剂输送管道耐压试验周期应按《压力管道安全管理与监察规定》的规定执行。

第二节　泡沫灭火系统

要点 18：泡沫灭火系统的分类

泡沫灭火系统是用泡沫液作为灭火剂的一种灭火方式。泡沫剂有化学泡沫灭火剂和空泡沫灭火剂两大类。化学泡沫灭火剂主要是充装于 100L 以下的小型灭火器内，扑救小型初期火灾；大型的泡沫灭火系统以采用空气泡沫灭火剂为主。

泡沫灭火是通过泡沫层的冷却、隔绝氧气和抑制燃料蒸发等作用，达到扑灭火灾的目的。

空气泡沫灭火是泡沫液与水通过特制的比例混合器混合而成泡沫混合液，经泡沫产生器与空气混合产生泡沫，使泡沫覆盖在燃烧物质的表面或者充满发生火灾的整个空间，最后使火熄灭。

泡沫灭火系统按照发泡性能的不同分为：低倍数（发泡倍数在 20 倍以下）、中倍数（发泡倍数在 20～200 倍）和高倍数（发泡倍数在 200 倍以上）灭火系统；这三类系统又根据喷射方式不同分为液上和液下喷射；由设备和管的安装方式不同分为固定式、半固定式、移动式；由灭火范围不同分为全淹没式和局部应用式。其具体分类如图 6-6 所示。

固定式液上喷射泡沫灭火系统如图 6-7 所示；固定式液下喷射泡沫灭火系统如图 6-8 所示；半固定式液上喷射泡沫灭火系统如图 6-9 所示；移动式泡沫灭火系统如图 6-10 所示；自动控制全淹没式灭火系统工作原理图如图 6-11 所示。

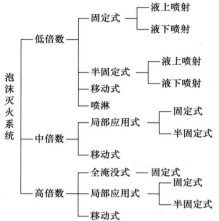

图 6-6　泡沫灭火系统分类

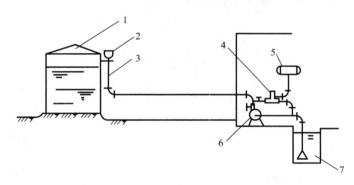

图 6-7　固定式液上喷射泡沫灭火系统

1—油罐；2—泡沫产生器；3—泡沫混合液管道；4—比例混合器；5—泡沫液罐；6—泡沫混合泵；7—水池

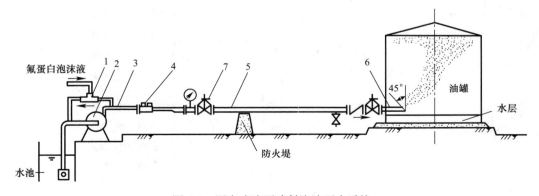

图 6-8　固定式液下喷射泡沫灭火系统

1—环泵式比例混合器；2—泡沫混合液泵；3—泡沫混合液管道；4—液下喷射泡沫产生器；

5—泡沫管道；6—泡沫注入管；7—背压调节阀

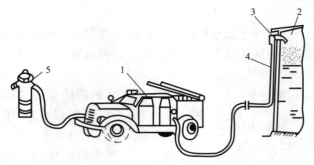

图 6-9 半固定式液上喷射泡沫灭火系统
1—泡沫消防车；2—油罐；3—泡沫产生器；4—泡沫混合液管道；5—地上式消火栓

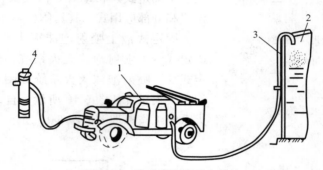

图 6-10 移动式泡沫灭火系统
1—泡沫消防车；2—油罐；3—泡沫管道；4—地上式消火栓

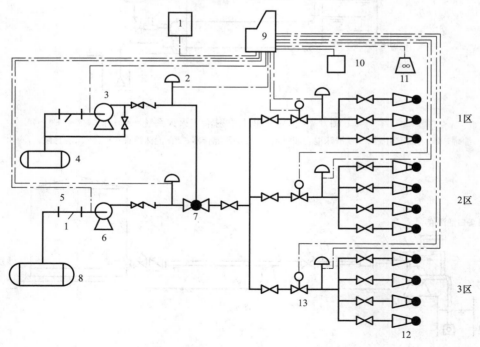

图 6-11 自动控制全淹没式灭火系统工作原理图

1—手动控制器；2—压力开关；3—泡沫液泵；4—泡沫液罐；5—过滤器；6—水泵；7—比例混合器；
8—水罐；9—自动控制箱；10—探测器；11—报警器；12—高倍数泡沫发生器；13—电磁阀

要点 19：材料进场检验

（1）泡沫液进场应由监理工程师组织，现场取样留存。

（2）对属于下列情况之一的泡沫液，应由监理工程师组织现场取样，送至具备相应资质的检测单位进行检测，其结果应符合国家现行有关产品标准和设计要求。

1）6%型低倍数泡沫液设计用量大于或等于 7.0t；

2）3%型低倍数泡沫液设计用量大于或等于 3.5t；

3）6%蛋白型中倍数泡沫液最小储备量大于或等于 2.5t；

4）6%合成型中倍数泡沫液最小储备量大于或等于 2.0t；

5）高倍数泡沫液最小储备量大于或等于 1.0t；

6）合同文件规定现场取样送检的泡沫液。

（3）管材及管件的材质、规格、型号、质量等应符合国家现行有关产品标准和设计要求。

（4）管材及管件的外观质量除应符合其产品标准的规定外，尚应符合下列规定：

1）表面无裂纹、缩孔、夹渣、折叠、重皮和不超过壁厚负偏差的锈蚀或凹陷等缺陷；

2）螺纹表面完整无损伤，法兰密封面平整、光洁、无毛刺及径向沟槽；

3）垫片无老化变质或分层现象，表面无折皱等缺陷。

（5）管材及管件的规格尺寸和壁厚及允许偏差应符合其产品标准和设计的要求。

（6）对属于下列情况之一的管材及管件，应由监理工程师抽样，并由具备相应资质的检测单位进行检测复验，其复验结果应符合国家现行有关产品标准和设计要求。

1）设计上有复验要求的。

2）对质量有疑义的。

要点 20：系统组件进场检验

（1）泡沫产生装置、泡沫比例混合器（装置）、泡沫液储罐、消防泵、泡沫消火栓、阀门、压力表、管道过滤器、金属软管等系统组件的外观质量，应符合下列规定：

1）无变形及其他机械性损伤；

2）外露非机械加工表面保护涂层完好；

3）无保护涂层的机械加工面无锈蚀；

4）所有外露接口无损伤，堵、盖等保护物包封良好；

5）铭牌标记清晰、牢固。

（2）消防泵盘车应灵活，无阻滞，无异常声音，高倍数泡沫产生器用手转动叶轮应灵活；固定式泡沫炮的手动机构应无卡阻现象。

（3）泡沫产生装置、泡沫比例混合器（装置）、泡沫液压力储塔、消防泵、泡沫消火栓、阀门、压力表、管道过滤器、金属软管等系统组件应符合下列规定：

1）其规格、型号、性能应符合国家现行产品标准和设计要求。

2）设计上有复验要求或对质量有疑义时，应由监理工程师抽样，并由具有相应资质的检测单位进行检测复验，其复验结果应符合国家现行产品标准和设计要求。

（4）阀门的强度和严密性试验应符合下列规定：

1）强度和严密性试验应采用清水进行，强度试验压力为公称压力的 1.5 倍；严密性试验压力为公称压力的 1.1 倍；

2）试验压力在试验持续时间内应保持不变，且壳体填料和阀瓣密封面无渗漏；

3）阀门试压的试验持续时间不应少于表 6-3 的规定；

<table>
<tr><td colspan="4" style="text-align:left">阀门试验持续时间</td><td style="text-align:right">表 6-3</td></tr>
<tr><td rowspan="3">公称直径 DN（mm）</td><td colspan="4">最短试验持续时间（s）</td></tr>
<tr><td colspan="2">严密性试验</td><td rowspan="2">强度试验</td></tr>
<tr><td>金属密封</td><td>非金属密封</td></tr>
<tr><td>≤50</td><td>15</td><td>15</td><td>15</td></tr>
<tr><td>65～200</td><td>30</td><td>15</td><td>60</td></tr>
<tr><td>200～450</td><td>60</td><td>30</td><td>180</td></tr>
</table>

4）试验合格的阀门，应排尽内部积水，并吹干。密封面涂防锈油，关闭阀门，封闭出入口，作出明显的标记并作出记录。

要点 21：消防泵的安装

（1）消防泵应整体安装在基础上，安装时对组件不得随意拆卸，确需拆卸时，应由制造厂进行。

（2）消防泵应以底座水平面为基准进行找平、找正。

（3）消防泵与相关管道连接时，应以消防泵的法兰端面为基准进行测量和安装。

（4）消防泵进水管吸水口处设置滤网时，滤网架的安装应牢固；滤网应便于清洗。

（5）当消防泵采用内燃机驱动时，内燃机冷却器的泄水管应通向排水设施。

（6）内燃机驱动的消防泵，其内燃机排气管的安装应符合设计要求，当设计无规定时，应采用直径相同的钢管连接后通向室外。

要点 22：泡沫液储罐的安装

（1）泡沫液储罐的安装位置和高度应符合设计要求。当设计无要求时，泡沫液储罐周围应留有满足检修需要的通道，其宽度不宜小于 0.7m，且操作面不宜小于 1.5m；当泡沫液储罐上的控制阀距地面高度大于 1.8m 时，应在操作面处设置操作平台或操作凳。

（2）常压泡沫液储罐的现场制作、安装和防腐应符合下列规定：

1）现场制作的常压钢质泡沫液储罐，泡沫液管道出液口不应高于泡沫液储罐最低液面 1m，泡沫液管道吸液口距泡沫液储罐底面不应小于 0.15m，且宜做成喇叭口形。

2）现场制作的常压钢质泡沫液储罐应进行严密性试验，试验压力应为储罐装满水后的静压力，试验时间不应小于 30min，目测应无渗漏。

3）现场制作的常压钢质泡沫液储罐内、外表面应按设计要求防腐，并应在严密性试验合格后进行。

4）常压泡沫液储罐的安装方式应符合设计要求，当设计无要求时，应根据其形状按立式或卧式安装在支架或支座上，支架应与基础固定，安装时不得损坏其储罐上的配管和附件。

5）常压钢质泡沫液储罐罐体与支座接触部位的防腐，应符合设计要求，当设计无规定时，应按加强防腐层的做法施工。

（3）泡沫液压力储罐安装时，支架应与基础牢固固定，且不应拆卸和损坏配管、附件；储罐的安全阀出口不应朝向操作面。

（4）设在泡沫泵站外的泡沫液压力储罐的安装应符合设计要求，并应根据环境条件采取防晒、防冻和防腐等措施。

要点 23：泡沫比例混合器（装置）的安装

（1）泡沫比例混合器（装置）的安装应符合下列规定：

1）泡沫比例混合器（装置）的标注方向应与液流方向一致。

2）泡沫比例混合器（装置）与管道连接处的安装应严密。

（2）环泵式比例混合器的安装应符合下列规定：

1）环泵式比例混合器安装标高的允许偏差为±10mm。

2）备用的环泵式比例混合器应并联安装在系统上，并应有明显的标志。

（3）压力式比例混合装置应整体安装，并应与基础牢固固定。

（4）平衡式比例混合装置的安装应符合下列规定：

1）整体平衡式比例混合装置应竖直安装在压力水的水平管道上，并应在水和泡沫液进口的水平管道上分别安装压力表，且与平衡式比例混合装置进口处的距离不宜大于0.3m。

2）分体平衡式比例混合装置的平衡压力流量控制阀应竖直安装。

3）水力驱动平衡式比例混合装置的泡沫液泵应水平安装，安装尺寸和管道的连接方式应符合设计要求。

（5）管线式比例混合器应安装在压力水的水平管道上或串接在消防水带上，并应靠近储罐或防护区，其吸液口与泡沫液储罐或泡沫液桶最低液面的高度不得大于1.0m。

要点 24：管道、阀门和泡沫消火栓的安装

（1）管道的安装应符合下列规定：

1）水平管道安装时，其坡度坡向应符合设计要求，且坡度不应小于设计值，当出现U形管时应有放空措施。

2）立管应用管卡固定在支架上，其间距不应大于设计值。

3）埋地管道安装应符合下列规定：

① 埋地管道的基础应符合设计要求；

② 埋地管道安装前应做好防腐，安装时不应损坏防腐层；

③ 埋地管道采用焊接时，焊缝部位应在试压合格后进行防腐处理；

④ 埋地管道在回填前应进行隐蔽工程验收，合格后及时回填，分层夯实，并进行记录。

4）管道安装的允许偏差应符合表 6-4 的要求。

管道安装的允许偏差   表 6-4

项　目			允许偏差（mm）
坐标	地上、架空及地沟	室外	25
		室内	15
	泡沫喷淋	室外	15
		室内	10
	埋地		60
标高	地上、架空及地沟	室外	±20
		室内	±15
	泡沫喷淋	室外	±15
		室内	±10
	埋地		±25
水平管道平直度	$DN{\leqslant}100$		2‰L，最大 50
	$DN{>}100$		3‰L，最大 80
立管垂直度			5‰L，最大 30
与其他管道成排布置间距			15
与其他管道交叉时外壁或绝热层间距			20

注：L——管段有效长度；DN——管子公称直径。

5）管道支、吊架安装应平整牢固，管墩的砌筑应规整，其间距应符合设计要求。

6）当管道穿过防火堤、防火墙、楼板时，应安装套管。穿防火堤和防火墙套管的长度不应小于防火堤和防火墙的厚度，穿楼板套管长度应高出楼板 50mm，底部应与楼板底面相平；管道与套管间的空隙应采用防火材料封堵，管道穿过建筑物的变形缝时，应采取保护措施。

7）管道安装完毕应进行水压试验，并应符合下列规定：

① 试验应采用清水进行，试验时，环境温度不应低于 5℃；当环境温度低于 5℃时，应采取防冻措施；

② 试验压力应为设计压力的 1.5 倍；

③ 试验前应将泡沫产生装置、泡沫比例混合器（装置）隔离；

④ 试验合格后，应进行记录。

8）管道试压合格后，应用清水冲洗，冲洗合格后，不得再进行影响管内清洁的其他施工，并应进行记录。

9）地上管道应在试压、冲洗合格后进行涂漆防腐。

（2）泡沫混合液管道的安装除应符合（1）的规定外，尚应符合下列规定：

1）当储罐上的泡沫混合液立管与防火堤内地上水平管道或埋地管道用金属软管连接时，不得损坏其编织网，并应在金属软管与地上水平管道的连接处设置管道支架或管墩。

2）储罐上泡沫混合液立管下端设置的锈渣清扫口与储罐基础或地面的距离宜为 0.3～0.5m；锈渣清扫口可采用闸阀或盲板封堵；当采用闸阀时，应竖直安装。

3）当外浮顶储罐的泡沫喷射口设置在浮顶上，且泡沫混合液管道采用的耐压软管从储罐内通过时，耐压软管安装后的运动轨迹不得与浮顶的支撑结构相碰，且与储罐底部伴热管的距离应大于 0.5m。

4）外浮顶储罐梯子平台上设置的带闷盖的管牙接口，应靠近平台栏杆安装，并宜高出平台 1.0m，其接口应朝向储罐；引至防火堤外设置的相应管牙接口，应面向道路或朝下。

5）连接泡沫产生装置的泡沫混合液管道上设置的压力表接口宜靠近防火堤外侧，并应竖直安装。

6）泡沫产生装置入口处的管道应用管卡固定在支架上，其出口管道在储罐上的开口位置和尺寸应符合设计及产品要求。

7）泡沫混合液主管道上留出的流量检测仪器安装位置应符合设计要求。

8）泡沫混合液管道上试验检测口的设置位置和数量应符合设计要求。

（3）液下喷射和半液下喷射泡沫管道的安装除应符合（1）的规定外，尚应符合下列规定：

1）液下喷射泡沫喷射管的长度和泡沫喷射口的安装高度，应符合设计要求。当液下喷射 1 个喷射口设在储罐中心时，其泡沫喷射管应固定在支架上；当液下喷射和半液下喷射设有 2 个及以上喷射口，并沿罐周均匀设置时，其间距偏差不宜大于 100mm。

2）半固定式系统的泡沫管道，在防火堤外设置的高背压泡沫产生器快装接口应水平安装。

3）液下喷射泡沫管道上的防油品渗漏设施宜安装在止回阀出口或泡沫喷射口处；半液下喷射泡沫管道上防油品渗漏的密封膜应安装在泡沫喷射装置的出口；安装应按设计要求进行，且不应损坏密封膜。

（4）泡沫液管道的安装除应符合（1）的规定外，其冲洗及放空管道的设置尚应符合设计要求，当设计无要求时，应设置在泡沫液管道的最低处。

（5）泡沫喷淋管道的安装除应符合（1）的规定外，尚应符合下列规定：

1）泡沫喷淋管道支、吊架与泡沫喷头之间的距离不应小于 0.3m，与末端泡沫喷头之间的距离不宜大于 0.5m。

2）泡沫喷淋分支管上每一直管段、相邻两泡沫喷头之间的管段设置的支、吊架均不宜少于 1 个，且支、吊架的间距不宜大于 3.6m；当泡沫喷头的设置高度大于 10m 时，支、吊架的间距不宜大于 3.2m。

（6）阀门的安装应符合下列规定：

1）泡沫混合液管道采用的阀门应按相关标准进行安装，并应有明显的启闭标志。

2）具有遥控、自动控制功能的阀门安装，应符合设计要求；当设置在有爆炸和火灾危险的环境时，应按相关标准安装。

3）液下喷射和半液下喷射泡沫灭火系统泡沫管道进储罐处设置的钢质明杆闸阀和止回阀应水平安装，其止回阀上标注的方向应与泡沫的流动方向一致。

4）高倍数泡沫产生器进口端泡沫混合液管道上设置的压力表、管道过滤器、控制阀宜安装在水平支管上。

5）泡沫混合液管道上设置的自动排气阀应在系统试压、冲洗合格后立式安装。

6）连接泡沫产生装置的泡沫混合液管道上控制阀的安装应符合下列规定：

① 控制阀应安装在防火堤外压力表接口的外侧，并应有明显的启闭标志；

② 泡沫混合液管道设置在地上时，控制阀的安装高度宜为 1.1～1.5m；

③ 当环境温度为 0℃ 及以下的地区采用铸铁控制阀时，若管道设置在地上，铸铁控制阀应安装在立管上；若管道埋地或地沟内设置，铸铁控制阀应安装在阀门井内或地沟内，并应采取防冻措施。

7）当储罐区固定式泡沫灭火系统同时又具备半固定系统功能时，应在防火堤外泡沫混合液管道上安装带控制阀和带闷盖的管牙接口，并应符合 6）的有关规定。

8）泡沫混合液立管上设置的控制阀，其安装高度宜为 1.1～1.5m，并应有明显的启闭标志；当控制阀的安装高度大于 1.5m 时，应设置操作平台或操作凳。

9）消防泵的出液管上设置的带控制阀的回流管，应符合设计要求，控制阀的安装高度距地面宜为 0.6～1.2m。

10）管道上的放空阀应安装在最低处。

（7）泡沫消火栓的安装应符合下列规定：

1）泡沫混合液管道上设置泡沫消火栓的规格、型号、数量、位置、安装方式、间距应符合设计要求。

2）地上式泡沫消火栓应垂直安装，地下式泡沫消火栓应安装在消火栓井内泡沫混合液管道上。

3）地上式泡沫消火栓的大口径出液口应朝向消防车道。

4）地下式泡沫消火栓应有永久性明显标志，其顶部与井盖底面的距离不得大于 0.4m，且不小于井盖半径。

5）室内泡沫消火栓的栓口方向宜向下或与设置泡沫消火栓的墙面成 90°，栓口离地面或操作基面的高度宜为 1.1m，允许偏差为 ±20mm，坐标的允许偏差为 20mm。

6）泡沫泵站内或站外附近泡沫混合液管道上设置的泡沫消火栓，应符合设计要求，其安装按本条相关规定执行。

要点 25：泡沫产生装置的安装

（1）低倍数泡沫产生器的安装应符合下列规定：

1）液上喷射的泡沫产生器应根据产生器类型安装，并应符合设计要求。

2）水溶性液体储罐内泡沫溜槽的安装应沿罐壁内侧螺旋下降到距罐底 1.0～1.5m 处，溜槽与罐底平面夹角宜为 30°～45°；泡沫降落槽应垂直安装，其垂直度允许偏差为降落槽高度的 5‰，且不得超过 30mm，坐标允许偏差为 25mm，标高允许偏差为 ±20mm。

3）液下及半液下喷射的高背压泡沫产生器应水平安装在防火堤外的泡沫混合液管道上。

4）在高背压泡沫产生器进口侧设置的压力表接口应竖直安装；其出口侧设置的压力表、背压调节阀和泡沫取样口的安装尺寸应符合设计要求，环境温度为 0℃ 及以下的地区，背压调节阀和泡沫取样口上的控制阀应选用钢质阀门。

5）液上喷射泡沫产生器或泡沫导流罩沿罐周均匀布置时，其间距偏差不宜大于 100mm。

6）外浮顶储罐泡沫喷射口设置在浮顶上时，泡沫混合液支管应固定在支架上，泡沫喷射口 T 形管的横管应水平安装，伸入泡沫堰板后向下倾斜角度应符合设计要求。

7）外浮顶储罐泡沫喷射口设置在罐壁顶部、密封或挡雨板上方或金属挡雨板的下部时，泡沫堰板的高度及与罐壁的间距应符合设计要求。

8）泡沫堰板的最低部位设置排水孔的数量和尺寸应符合设计要求，并应沿泡沫堰板周长均布，其间距偏差不宜大于 20mm。

9）单、双盘式内浮顶储罐泡沫堰板的高度及与罐壁的间距应符合设计要求。

10）当一个储罐所需的高背压泡沫产生器并联安装时，应将其并列固定在支架上，且应符合 3）和 4）的有关规定。

11）半液下泡沫喷射装置应整体安装在泡沫管道进入储罐处设置的钢质明杆闸阀与止回阀之间的水平管道上，并应采用扩张器（伸缩器）或金属软管与止回阀连接，安装时不应拆卸和损坏密封膜及其附件。

（2）中倍数泡沫产生器的安装应符合设计要求，安装时不得损坏或随意拆卸附件。

（3）高倍数泡沫产生器的安装应符合下列规定：

1）高倍数泡沫产生器的安装应符合设计要求。

2）距高倍数泡沫产生器的进气端小于或等于 0.3m 处不应有遮挡物。

3）在高倍数泡沫产生器的发泡网前小于或等于 1.0m 处，不应有影响泡沫喷放的障碍物。

4）高倍数泡沫产生器应整体安装，不得拆卸，并应牢固固定。

（4）泡沫喷头的安装应符合下列规定：

1）泡沫喷头的规格、型号应符合设计要求，并应在系统试压、冲洗合格后安装。

2）泡沫喷头的安装应牢固、规整，安装时不得拆卸或损坏其喷头上的附件。

3）顶部安装的泡沫喷头应安装在被保护物的上部，其坐标的允许偏差，室外安装为 15mm，室内安装为 10mm；标高的允许偏差，室外安装为 ±15mm，室内安装为 ±10mm。

4）侧向安装的泡沫喷头应安装在被保护物的侧面并应对准被保护物体，其距离允许偏差为 20mm。

5）地下安装的泡沫喷头应安装在被保护物的下方，并应在地面以下；在未喷射泡沫时，其顶部应低于地面 10～15mm。

（5）固定式泡沫炮的安装应符合下列规定：

1）固定式泡沫炮的立管应垂直安装，炮口应朝向防护区，并不应有影响泡沫喷射的障碍物。

2）安装在炮塔或支架上的泡沫炮应牢固固定。

3）电动泡沫炮的控制设备、电源线、控制线的规格、型号及设置位置、敷设方式、接线等应符合设计要求。

要点 26：系统调试

1. 一般规定

（1）泡沫灭火系统调试应在系统施工结束和与系统有关的火灾自动报警装置及联动控

制设备调试合格后进行。

（2）调试前应具备相关的技术资料和施工记录及调试必需的其他资料。

（3）调试前施工单位应制订调试方案，并经监理单位批准。调试人员应根据批准的方案，按程序进行。

（4）调试前应对系统进行检查，并应及时处理发现的问题。

（5）调试前应将需要临时安装在系统上经校验合格的仪器、仪表安装完毕，调试时所需的检查设备应准备齐全。

（6）水源、动力源和泡沫液应满足系统调试要求，电气设备应具备与系统联动调试的条件。

（7）系统调试合格后，应填写施工过程检查记录，并应用清水冲洗后放空，复原系统。

2. 系统调试

（1）泡沫灭火系统的动力源和备用动力应进行切换试验，动力源和备用动力及电气设备运行应正常。

（2）消防泵应进行试验，并应符合下列规定：

1）消防泵应进行运行试验，其性能应符合设计和产品标准的要求。

2）消防泵与备用泵应在设计负荷下进行转换运行试验，其主要性能应符合设计要求。

（3）泡沫比例混合器（装置）调试时，应与系统喷泡沫试验同时进行，其混合比应符合设计要求。

（4）泡沫产生装置的调试应符合下列规定：

1）低倍数（含高背压）泡沫产生器、中倍数泡沫产生器应进行喷水试验，其进口压力应符合设计要求。

2）泡沫喷头应进行喷水试验，其防护区内任意四个相邻喷头组成的四边形保护面积内的平均供给强度不应小于设计值。

3）固定式泡沫炮应进行喷水试验，其进口压力、射程、射高、仰俯角度、水平回转角度等指标应符合设计要求。

4）泡沫枪应进行喷水试验，其进口压力和射程应符合设计要求。

5）高倍数泡沫产生器应进行喷水试验，其进口压力的平均值不应小于设计值，每台高倍数泡沫产生器发泡网的喷水状态应正常。

（5）泡沫消火栓应进行喷水试验，其出口压力应符合设计要求。

（6）泡沫灭火系统的调试应符合下列规定：

1）当为手动灭火系统时，应以手动控制的方式进行一次喷水试验；当为自动灭火系统时，应以手动和自动控制的方式各进行一次喷水试验，其各项性能指标均应达到设计要求。

2）低、中倍数泡沫灭火系统按1）的规定喷水试验完毕，将水放空后，进行喷泡沫试验；当为自动灭火系统时，应以自动控制的方式进行；喷射泡沫的时间不应小于1min；实测泡沫混合液的混合比和泡沫混合液的发泡倍数及到达最不利点防护区或储罐的时间和湿式联用系统自喷水至喷泡沫的转换时间应符合设计要求。

3）高倍数泡沫灭火系统按1）的规定喷水试验完毕，将水放空后，应以手动或自动控制的方式对防护区进行喷泡沫试验，喷射泡沫的时间不应小于30s。实到泡沫混合液的混合比和泡沫供给速率及自接到火灾模拟信号至开始喷泡沫的时间应符合设计要求。

要点 27：系统验收

1. 一般规定

（1）泡沫灭火系统验收应由建设单位组织监理、设计、施工等单位共同进行。

（2）泡沫灭火系统验收时，应提供下列文件资料，并填写质量控制资料核查记录。

1）经批准的设计施工图、设计说明书。

2）设计变更通知书、竣工图。

3）系统组件和泡沫液的市场准入制度要求的有效证明文件和产品出厂合格证，泡沫液现场取样由具有资质的单位出具检验报告；材料的出厂检验报告与合格证；材料和系统组件进场检验的复验报告。

4）系统组件的安装使用说明书。

5）施工许可证（开工证）和施工现场质量管理检查记录。

6）泡沫灭火系统施工过程检查记录及阀门的强度和严密性试验记录、管道试压和管道冲洗记录、隐蔽工程验收记录。

7）系统验收申请报告。

（3）泡沫灭火系统验收应进行记录；系统功能验收不合格则判定为系统不合格，不得通过验收。

（4）泡沫灭火系统验收合格后，应用清水冲洗放空，复原系统，并应向建设单位移下列文件资料：

1）施工现场质量管理检查记录。

2）泡沫灭火系统施工过程检查记录。

3）隐蔽工程验收记录。

4）泡沫灭火系统质量控制资料核查记录。

5）泡沫灭火系统验收记录。

6）相关文件、记录、资料清单等。

2. 系统验收

（1）泡沫灭火系统应对施工质量进行验收，并应包括下列内容：

1）泡沫液储罐、泡沫比例混合器（装置）、泡沫产生装置、消防泵、泡沫消火栓、阀门、压力表、管道过滤器、金属软管等系统组件的规格、型号、数量、安装位置及安装质量；

2）管道及管件的规格、型号、位置、坡向、坡度、连接方式及安装质量；

3）固定管道的支、吊架，管墩的位置、间距及牢固程度；

4）管道穿防火堤、楼板、防火墙及变形缝的处理；

5）管道和系统组件的防腐；

6）消防泵房、水源及水位指示装置；

7）动力源、备用动力及电气设备。

（2）泡沫灭火系统应对系统功能进行验收，并应符合下列规定：

1）低、中倍数泡沫灭火系统喷泡沫试验应合格。

2）高倍数泡沫灭火系统喷泡沫试验应合格。

要点 28：维护管理

1. 一般规定

（1）泡沫灭火系统验收合格方可投入运行。

（2）泡沫灭火系统投入运行前，应符合下列规定：

1）建设单位应配齐经过专门培训，并通过考试合格的人员负责系统的维护、管理、操作和定期检查。

2）已建立泡沫灭火系统的技术档案，并应具备施工现场质量管理检查记录、泡沫灭火系统施工过程检查记录、隐蔽工程验收记录、泡沫灭火系统质量控制资料核查记录、泡沫灭火系统验收记录、相关文件、记录、资料清单等文件资料和第（3）条中的资料。

（3）泡沫灭火系统投入运行时，维护、管理应具备下列资料：

1）系统组件的安装使用说明书。

2）操作规程和系统流程图。

3）值班员职责。

4）泡沫灭火系统维护管理记录。

（4）对检查和试验中发现的问题应及时解决，对损坏或不合格者应立即更换，并应复原系统。

2. 系统的定期检查和试验

（1）每周应对消防泵和备用动力进行一次启动试验，并应进行记录。

（2）每月应对系统进行检查，并应进行记录，检查内容及要求应符合下列规定：

1）对低、中、高倍数泡沫产生器，泡沫喷头，固定式泡沫炮，泡沫比例混合器（装置），泡沫液储罐进行外观检查，应完好无损。

2）对固定式泡沫炮的回转机构、仰俯机构或电动操作机构进行检查，性能应达到标准的要求。

3）泡沫消火栓和阀门的开启与关闭应自如，不应锈蚀。

4）压力表、管道过滤器、金属软管、管道及管件不应有损伤。

5）对遥控功能或自动控制设施及操纵机构进行检查，性能应符合设计要求。

6）对储罐上的低、中倍数泡沫混合液立管应清除锈渣。

7）动力源和电气设备工作状况应良好。

8）水源及水位指示装置应正常。

（3）每半年除储罐上泡沫混合液立管和液下喷射防火堤内泡沫管道及高倍数泡沫产生器进口端控制阀后的管道外，其余管道应全部冲洗，清除锈渣，并应按进行记录。

（4）每两年应对系统进行检查和试验，并应进行记录；检查和试验的内容及要求应符合下列规定：

1）对于低倍数泡沫灭火系统中的液上、液下及半液下喷射、泡沫喷淋、固定式泡沫炮和中倍数泡沫灭火系统进行喷泡沫试验，并对系统所有组件、设施、管道及管件进行全面检查。

2）对于高倍数泡沫灭火系统，可在防护区内进行喷泡沫试验，并对系统所有组件、设施、管道及管件进行全面检查。

3）系统检查和试验完毕，应对泡沫液泵或泡沫混合液泵、泡沫液管道、泡沫混合液管道、泡沫管道、泡沫比例混合器（装置）、泡沫消火栓、管道过滤器或喷过泡沫的泡沫产生装置等用清水冲洗后放空，复原系统。

第三节　建筑内部装修防火系统

要点 29：建筑内部装修施工防火的基本要求

（1）建筑内部装修防火施工，不应改变防火装修材料以及装修所涉及的其他内部设施的装饰性、保温性、隔声性、防水性和空调管道材料的保温性能等使用功能。

（2）完整的防火施工方案和健全的质量保证体系是保证施工质量符合设计要求的前提。所以，装修施工应按设计要求编写施工方案。施工现场管理应具备相应的施工技术标准、健全的施工质量管理体系和工程质量检验制度。

（3）为确保装修材料的采购、进场、施工等环节符合施工图设计文件的要求，装修施工前应对各部位装修材料的燃烧性能进行技术交底。

（4）由于木龙骨架等隐蔽工程材料装修施工完毕无法检验。所以，在装修施工过程中，应分阶段对所选用的防火装修材料按规范的规定进行抽样检验；对隐蔽工程的施工，应在施工过程中及完工后进行隐蔽工程验收；对现场进行阻燃处理、喷涂、安装作业的施工，应在相应的施工作业完成后进行抽样检验。这是保证防火工程施工质量的必要手段，不可忽视。

要点 30：装修材料的核查、检验

（1）进入施工现场的装修材料应完好，并应核查其燃烧性能或耐火极限、防火性能型式检验报告、合格证书等技术文件是否符合防火设计要求等。

（2）对所有防火装修材料的燃烧性能等级按规范的要求填写进场验收记录。

（3）对于进入施工现场的装修材料，凡是现行有关国家标准对其燃烧性能等级有明确规定的，可按其规定确定。如天然石材在相关标准中已明确规定其燃烧性能等级为 A 级，因此在装修施工中可按不燃性材料直接使用。

（4）凡是现行有关国家标准中没有明确规定其燃烧性能等级的装修材料，如装饰织物、木材、塑料产品等，应将材料送交国家授权的专业检验机构对材料的防火安全性能进行型式检验。

要点 31：装修材料的见证取样检验和防火安全

（1）装修材料的见证取样检验步骤如下：

装修材料进入施工现场后，应按有关规定，在监理单位或建设单位的监督下，由施工单位有关人员现场取样，并应由具备相应资质的检验单位进行见证取样检验。这是依据

《建筑工程施工质量验收统一标准》（GB 50300—2013）的规定，见证取样检验是指在监理单位或建设单位的监督下，由施工单位有关人员现场取样，并送至具备相应资质的检验单位所进行的检验。具备相应资质的检验单位是指经中国实验室国家认可委员会评定，符合《实验室认可准则》（CNAL/AC01：2002）的规定，已被国家质量监督检验检疫总局批准认可为国家级实验室，并颁发了中华人民共和国《计量认证合格证书》，满足计量检定、测试能力和可靠性的要求，并具有授权的检验机构。

（2）装修施工过程中，装修材料应远离火源，并应指派专人负责施工现场的防火安全。

要点 32：施工记录

施工记录是检验施工过程是否满足设计要求的重要凭证。当施工过程的某一个环节出现问题时，可根据施工记录查找原因。装修施工过程中，应根据规范的施工技术要求进行施工作业。施工单位应对各装修部位的施工过程作详细记录，并由监理工程师或施工现场技术负责人签字认可。

装修施工过程中，应对各装修部位的施工过程作详细记录。记录表的格式应符合表 6-5 的要求。

建筑内部装修工程防火施工过程检查记录　　　　　表 6-5

工程名称		分部工程名称	
子分部工程名称			
施工单位		监理单位	
施工执行规范名称及编号			
项目	《规范》章节条款	施工单位检查评定记录	监理单位验收记录

施工单位项目负责人：（签章）　　　　　　　　　　监理工程师：（签章）

年　月　日　　　　　　　　　　　　　　　　　年　月　日

要点 33：建筑工程内部装修的防火规定

建筑工程内部装修不得影响消防设施的使用功能。装修施工过程中，当确需变更防火设计时，应经原设计单位或具有相应资质的设计单位按有关规定进行。以避免不按设计进行的防火施工对建筑内部装修的总体防火能力或建筑物的总体消防能力产生不利的影响。

要点 34：纺织织物的分类

随着社会的进步，纺织品在民用、工业上的消费量迅速增加，在建筑内部装修中广泛使用的纺织织物，主要有窗帘、帷幕、墙布、地毯或其他室内纺织产品。用于建筑内部装修的纺织织物可分为天然纤维织物和合成纤维织物。天然纤维织物是指棉、丝、羊毛等纤维制品。合成纤维织物是指化学合成的纤维制品。

要点 35：纺织织物施工应检查的内容

纺织织物的施工检查，应检查下列文件和记录：
（1）纺织织物燃烧性能等级的设计要求；
（2）纺织织物燃烧性能型式检验报告，进场验收记录和抽样检验报告；
（3）现场对纺织织物进行阻燃处理的施工记录及隐蔽工程验收记录等文件和记录。

要点 36：纺织织物的见证取样检验

下列材料进场应进行见证取样检查：
（1）B_1 级、B_2 级纺织织物；
（2）现场对纺织织物进行阻燃处理所用的阻燃剂。
B_1 级、B_2 级纺织织物是建筑内部装修中普遍采用的材料，其燃烧性能的质量差异与产品种类、用途、生产厂家、进货渠道等多种因素有关；对于现场进行阻燃处理的施工，施工质量还与所用的阻燃剂密切相关，都应进行见证取样检验。

要点 37：纺织织物的抽样检验

下列材料应进行抽样检验：
（1）对现场阻燃处理后的纺织织物，每种应取 $2m^2$ 进行燃烧性能的现场检验；
（2）施工过程中受湿浸、燃烧性能可能受影响的纺织织物，每种应取 $2m^2$ 进行燃烧性能的现场检验。
由于在施工过程中，纺织织物受湿浸或其他不利因素影响后，其燃烧性能会受到不同程度的影响。为了保证阻燃处理的施工质量，应进行抽样检验，但每次抽取样品的数量应有一定的限制。

要点 38：木质材料的分类

　　木材和以木材为基质的制品是建筑和交通运输方面最常用的一种材料，工厂、办公室、学校、商场、医院以及家庭等在建造和装修时大量应用这类材料，制作框架、板壁、地板和室内装饰装修等。

　　用于建筑内部装修的木质材料可分为天然木材和人造板材。

　　我国的天然木材有 50 余种，可分为两大类，即针叶材（红松、沙松等）和阔叶材（水曲柳、山杨等）。人造板材主要包括胶合板、刨花板和纤维板等。它们是由纤维、碎料、薄片和胶黏剂混合，经压制形成的板状材料。

要点 39：木质材料施工应检查的内容

　　（1）木质材料施工应检查下列文件和记录：
　　1）木质材料燃烧性能等级的设计要求；
　　2）木质材料燃烧性能型式检验报告、进场验收记录和抽样检验报告；
　　3）现场对木质材料进行阻燃处理的施工记录及隐蔽工程验收记录。
　　（2）在对木质材料的施工进行检查时，应检查：
　　1）木质材料燃烧性能等级的设计要求；
　　2）木质材料燃烧性能型式检验报告；
　　3）进场验收记录和抽样检验报告；
　　4）现场对木质材料进行阻燃处理的施工记录；
　　5）隐蔽工程验收记录等文件和记录。

要点 40：木质材料的见证取样检验

　　下列材料进场应进行见证取样检验：
　　（1）B_1 级木质材料；
　　（2）现场进行阻燃处理所使用的阻燃剂及防火涂料。

　　对于天然木材，其燃烧性能等级一般可被确认为 B_2 级。但实际在建筑内部装修中广泛使用的是燃烧性能等级为 B_1 级的木质材料或产品，质量差异较大。其原因多与产品种类、用途、生产厂家、进货渠道、产品的加工方式和阻燃处理方式等多种因素有关；同时，对于现场进行阻燃处理的施工质量还与所用的阻燃剂密切相关。为保证阻燃处理的施工质量，对于 B_1 级木质材料、现场进行阻燃处理所使用的阻燃剂及防火涂料和饰面型防火涂料等，都应进行见证取样检验。

要点 41：木质材料的抽样检验

　　下列材料应进行抽样检验：

（1）现场阻燃处理后的木质材料，每种取 $4m^2$ 检验燃烧性能；

（2）表面进行加工后的 B_1 级木质材料，每种取 $4m^2$ 检验燃烧性能。

由于 B_1 级木质材料表面经过加工后，可能会损坏表面阻燃层，应进行抽样检验。根据现行国家标准《建筑材料难燃性试验方法》（GB/T 8625—2005）和《建筑材料可燃性试验方法》（GB/T 8626—2007）的规定，木质材料的难燃性试验的试件尺寸为：190mm×1000mm，厚度不超过 80mm，每次试验需 4 个试件，一般需进行 3 组平行试验。木质材料的可燃性试验的试件尺寸为：90mm×100mm，90mm×230mm，厚度不超过 80mm，表面点火和边缘点火试验均需要 5 个试件；对于板材，可按尺寸直接制备试件，对于门框、龙骨等型材，可拼接后按尺寸制备试件。

要点 42：高分子合成材料施工应检查的防火要求

高分子合成材料，用于建筑内部装修的主要为塑料、橡胶及橡塑材料等，是建筑火灾中较为危险的材料。

在对建筑内部装修子分部工程的高分子合成材料进行施工验收和工程验收时，应检查下列内容：

（1）高分子合成材料燃烧性能等级的设计要求；高分子合成材料燃烧性能型式检验报告、进场验收记录和抽样检验报告；

（2）现场对泡沫塑料进行阻燃处理的施工记录及隐蔽工程验收记录等。

要点 43：高分子合成材料的见证取样检验

下列材料进场应进行见证取样检验：

（1）对 B_1 级、B_2 级高分子合成材料；

（2）现场进行阻燃处理所使用的阻燃剂及防火涂料。

高分子合成材料在建筑内部装修中被广泛使用，是建筑火灾中较为危险的材料，其质量差异与产品种类、用途、生产厂家、进货渠道、产品的加工方式和阻燃处理方式等多种因素有关，因此，为保证阻燃处理的施工质量，对 B_1 级、B_2 级高分子合成材料应进行见证取样检验。

由于现场进行阻燃处理的施工质量与所用的阻燃剂密切相关，考虑到目前我国防火涂料生产的实际情况，故对现场进行阻燃处理所使用的阻燃剂及防火涂料也应进行见证取样检验。

要点 44：高分子合成材料的抽样检验

由于泡沫材料进行现场阻燃处理的复杂性，阻燃剂选择不当，将导致阻燃处理效果不佳。所以，根据泡沫材料燃烧性能试验的方法，样品的抽取数量不应少于 $0.1m^3$。

要点 45：复合材料施工应检查的内容

复合材料施工应检查下列文件和记录：

（1）复合材料燃烧性能等级的设计要求；

（2）复合材料燃烧性能型式检验报告、进场验收记录和抽样检验报告；

（3）现场对复合材料进行阻燃处理的施工记录及隐蔽工程验收记录等文件和记录。

要点 46：复合材料的见证取样和抽样检验

（1）对于进入施工现场的 B_1 级、B_2 级复合材料和现场进行阻燃处理所使用的阻燃剂及防火涂料等，都应进行见证取样检验。

（2）现场阻燃处理后的复合材料应进行抽样检验，每种取 $4m^2$ 检验燃烧性能。其程序是：

1）查设计中各部位复合材料的燃烧性能等级要求；

2）通过检查进场验收记录确认各部位复合材料是否满足设计要求；

3）对于没有达到设计要求的复合材料，再检查是否有现场阻燃处理施工记录及抽样检验报告。

要点 47：防火封堵材料等施工应检查的内容

其他材料包括防火封堵材料和涉及电气设备、灯具、防火门窗、钢结构装修的材料等。这些都是保证装修防火质量不可遗漏的项目。

其他材料施工的检查，应当对材料燃烧性能等级的设计要求，材料燃烧性能型式检验报告、进场验收记录和抽样检验报告，现场对材料进行阻燃处理的施工记录及隐蔽工程验收记录等文件和记录进行检查。

要点 48：防火封堵材料等的见证取样与抽样检验

下列材料进场应进行见证取样检验：

（1）B_1 级、B_2 级材料；

（2）现场进行阻燃处理所使用的阻燃剂及防火涂料。

对现场阻燃处理后的复合材料应进行抽样检验。

要点 49：建筑内部装修工程防火验收的内容

建筑内部装修工程防火验收应检查下列文件和记录：

（1）建筑内部装修防火设计审核文件、申请报告、设计图纸、装修材料的燃烧性能设计要求、设计变更通知单、施工单位的资质证明等；

（2）进场验收记录，包括所用装修材料的清单、数量、合格证及防火性能型式检验报告；

（3）装修施工过程的施工记录；

（4）隐蔽工程施工防火验收记录和工程质量事故处理报告等；

（5）装修施工过程中所用防火装修材料的见证取样检验报告；

（6）装修施工过程中的抽样检验报告，包括隐蔽工程的施工过程中及完工后的抽样检验报告；

（7）装修施工过程中现场进行涂刷、喷涂等阻燃处理的抽样检验报告。

要点50：建筑内部装修工程防火验收工程质量的验收要求

建筑内部装修工程防火验收工程质量的验收要求如下。

（1）工程质量验收应由建设单位项目负责人组织施工单位项目负责人、监理工程师和设计单位项目负责人等进行。

（2）工程质量验收时，应按规范表格规定的要求认真填写有关记录。

（3）为了确保施工质量符合防火设计要求，工程质量验收时可对重点部位或有异议的装修材料等主控项目进行抽查；当有不合格项时，应对不合格项进行整改。

（4）当装修施工的有关资料经审查全部合格、施工过程全部符合要求、现场检查或抽样检测结果全部合格时，工程验收应为合格。这是工程质量验收合格判定的标准。

（5）为了保存好防火施工及验收档案，建设单位应建立建筑内部装修工程防火施工及验收档案。档案应包括防火施工及验收全过程的有关文件和记录。归档文件可以是纸质，也可以是不可修改的电子文档。

要点51：建筑内部装修工程防火验收工程质量合格的标准

建筑内部装修工程防火验收工程质量合格的标准如下：

（1）技术资料应完整；

（2）所用装修材料或产品的见证取样检验结果应满足设计要求；

（3）装修施工过程中的抽样检验结果，包括隐蔽工程的施工过程中及完工后的抽样检验结果应符合设计要求；

（4）现场进行阻燃处理、喷涂、安装作业的抽样检验结果应符合设计要求；

（5）施工过程中的主控项目检验结果应全部合格；

（6）施工过程中的一般项目检验结果合格率应达到80%。

第四节　防排烟系统施工

要点52：防烟系统的方式

1. 不燃化防烟方式

在建筑设计中，尽可能地采用不燃化的室内装修材料、家具、各种管道及其保温绝热材料，特别是对综合性大型建筑、特殊功能建筑、无窗建筑、地下建筑以及使用明火的场所（如厨房等），应严格执行有关规范。不得使用易燃的、可产生大量有毒烟气的材料做室内装修。不燃烧材料不燃烧、不发烟、不炭化，是从根本上解决防烟问题的方法。在不燃化设计的建筑内，即使发生火警，因其材料不燃，产生烟气量少，烟气浓度低。

此外，还要考虑建筑物内储放的衣物、书籍等可燃物品收藏方式的不燃化。即用不燃烧材料制作壁橱等收藏可燃物品。这样即使在发生火灾时，橱柜内的可燃物品一般情况下也不参加燃烧，故可将火灾产生的烟气量减少到最低程度。

高度大于100m的超高层建筑、地下建筑等，应优先采用不燃化防烟方式。

2. 加压防烟方式

在建筑物发生火灾时，对着火区以外的有关区域进行送风加压，使其保持一定的正压，以防止烟气侵入的防烟方式叫加压防烟。在加压区域与非加压区域之间用一些构件分隔，如墙壁、门窗及楼板等，分隔物两侧之间的压力差使门窗缝隙中形成一定流速的气流，因而有效地防止烟气通过这些缝隙渗漏出来，如图6-12所示。发生火灾时，由于疏散和扑救的需要，加压区域与非加压区域之间的分隔门总是要打开的，有时因疏散者心情紧张等，忘记关门而导致常开的现象也会发生，当加压气流的压力达到一定值时，仍能有效阻止烟气扩散。

3. 密闭防烟方式

当发生火灾时将着火房间密闭起来，这种方式多用于较小的房间，如住宅、集体宿舍、旅馆等。由于房间容积小，且用耐火结构的墙、楼板分隔，密闭性能好，当可燃物少时，有可能因氧气不足而熄灭，门窗具有一定防火能力，密闭性能好时，能达到防止烟气扩散的目的。

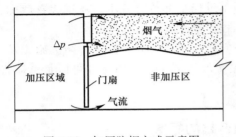

图6-12　加压防烟方式示意图

要点53：防烟分区的划分

防烟分区是指采取一定的技术措施使烟气聚集于从地板到屋顶或吊顶之间的设定空间，并通过排烟设施将烟气排至室外的空间区域。其目的是保证在一定时间内，把火场上产生的高温烟气控制在一定范围内不致随意扩散，从而有利于建筑物内人员安全疏散，有效地减少人员伤亡、财产损失和防止火灾蔓延扩大。

1. 防烟分区的划分原则

(1) 防烟分区不应跨越防火分区。

(2)《人民防空工程设计防火规范》（GB 50098—2009）中规定每个防烟分区的建筑面积不宜过大，一般不超过500m²。但考虑到大空间，在一般情况下，发生火灾时不会在很短的时间内使整个空间充满烟气，故又规定净空高度高于6m的房间可不考虑划分防烟分区。

(3) 防烟分区一般不跨越楼层，但是一个楼层可以包括一个以上的防烟分区。有些情况下，如高层建筑每层面积远小于500m²时，为节约投资，一个防烟分区可能跨越一个以上的楼层，但一般不宜超过3层，最多不应超过5层。

(4) 对有特殊用途的场所，如疏散楼梯间及其前室和消防电梯间及其前室以及专门的避难间或避难层，作为疏散和扑救的主要通道，应单独划分防烟分区，并采用良好的防排烟设施。

2. 防烟分区的划分方法

针对烟气的扩散路线和人员的疏散路线，防烟分区一般根据建筑物的种类和要求不同，按照其用途、面积和方向进行划分。

（1）按用途划分：按用途的不同，把高层建筑和地下设施的各部分划分为居住或办公用房、楼梯、疏散通道、电梯及其前室、停车库等防烟分区。

（2）按面积划分：在建筑物内按面积将其划分为若干基准防烟分区，即这些防烟分区在各个楼层上，一般尺寸相同，形状相同，用途相同。不同形状和用途的防烟分区，其面积也宜一致，这样每个楼层的防烟分区可采用同一套防排烟设施加以连贯。

（3）按方向划分：在高层建筑中，底层部分和上层部分的用途往往不太相同。大量的火灾实践表明，底层发生火灾的机会较多，火灾几率大，上部主体发生火灾的机会较小。因此，应尽可能根据房间的不同用途首先沿垂直方向按楼层划分防烟分区，再沿水平方向按面积划分防烟分区。

要点 54：防烟系统

防烟系统是在火灾发生时，防止有毒烟气进入建筑物疏散方向或疏散部位的工作系统。高层建筑的防烟系统防烟方式一般分为机械加压送风和密闭防烟两种方式。

1. 机械加压送风

对疏散通路的楼梯间进行机械送风，使其压力高于防烟楼梯间前室或消防电梯前室、而这些部位的压力又比走道和火灾房间要高些，这种防止烟气侵入的方式，称作机械加压送风方式。送风可直接利用室外空气，不必进行任何处理。烟气则通过远离楼梯间的走道外窗或排烟竖井排至室外。

（1）作用原理

由正压风机对疏散通道的楼梯间进行机械加压送风的正压风井，使其压力高于防烟楼梯前室（或消防电梯前室），而这些部位的压力又比走道和火灾房间要高些，从而避免了烟气进入疏散通道，以达到为疏散人员和消防人员提供安全地带的目的。

（2）系统组成

机械加压送风防烟系统由加压送风管道、加压送风口、加压送风机（正压风机）和电气控制设备等组成。

1）加压送风口。防烟楼梯间的加压送风口应采用自垂式百叶风口或常开的双层百叶风口。当采用后者时，应在送风机的吸入管上设置与开启风机连锁的电动阀。送风口的布置形式有单点送风和多点送风两种。

对每个防烟部位，送风口只有一处时，称为单点送风。如对前室来说，通常是每层都设有送风口，而对楼梯间来说，单点送风口通常只是设计成从顶部送风的形式，且建筑物的高度不宜超过 8 层，最多不能超过 12 层。送风机屋顶层布置的关键问题是要严防烟气回流现象的产生。在设计时，应认真考虑使加压送风机的取风口不吸入排出的烟气，并采取下列措施：

① 送风机的取风口位置应尽可能远离烟气排出口，从垂直方向看，取风口位置在下，

排烟口位置在上。如受条件限制，机械加压送风系统的取风口没能设在建筑物的底部，则与排烟口的水平距离宜超过 15m，并低于排烟口布置。

②　送风机取风口应布置在各种不利孔口的上方。

③　送风机的取风口应设置自动关闭装置，当烟气回流时能自动关闭。

2）加压送风管道。加压送风管道采用密实不漏风的非燃烧材料，在高层建筑机械防烟系统中，若楼梯间采用单点送风，通常不设竖直风道。若采用多点送风对防烟楼梯间加压，送风管道的具体布置方式及适用情况有下面三种：

①　单井独送适用于在楼梯间可自然排烟的情况下，采用一座送风竖井单独对各楼层的前室加压送风。

②　单井同送适用于采用一座公共送风竖井同时对楼梯间及其前室加压送风。

③　双井分送适用于采用两座送风竖井分别对楼梯间及其前室加压送风。

3）加压送风机。为了减小供电线短路被烧毁的可能性，送风机也不受高温烟气的威胁，并有效地防止烟气侵入所控制的区域，送风机以设在建筑物的底层为好，通常是设在地下室和一层。如果送风机设在建筑物的底层有困难时，也可以设在建筑物中间部位的设备层。

2. 密封防烟

密闭防烟方式是采取关闭房门使火灾房间与周围隔绝，让火情由于缺氧而熄灭的防烟方式。一般适用于面积较小，且楼板、墙体耐火性能和密闭性能较好，并采取防火门的房间。

（1）作用原理

一、二级耐火等级的建筑，其墙体、楼板和门窗等的耐火性和密闭性都较好的房间，当发生火灾时，人员很快疏散出来，并立即关闭房间防火门，对进出房间的气流加以控制，将着火房间封闭起来，杜绝新鲜空气流入，使之缺氧窒息而自行熄灭，从而达到防烟灭火的目的。

（2）密闭防烟房间的要求

1）房间围护结构的密闭要求

①　房间的顶棚、楼板与墙壁的交角接缝处，不应有缝隙。

②　在采暖、通风空调等各种管道穿越墙壁和楼板时，在管道外围与墙壁、楼板孔洞之间的空隙处应使用非燃烧材料填塞严密。

③　处在防火分区或防烟分区之间的房间隔墙或楼板应做成防火隔烟形式，同时应尽量避免各种管道穿越这些构件。当必须穿越时，除了管道本身要采取一定的防火防烟措施外，在穿越处的间隙尤其要注意用非燃材料填塞严密。

2）防止烟气回燃

在建筑物的门窗关闭情况下发生火灾时，空气供应将严重不足，形成的烟气层中往往含有大量未燃的可燃组分。因此，只要房间内存放较多的可燃物，且其分布适当，火灾燃烧就会持续下去。若这种燃烧维持的时间足够长，室内温度的升高最终可造成一些新通风口或者某些其他原因，致使出现新鲜空气突然进入的情形，这将会使室内的可燃烟气发生燃烧。当这些积累的可燃烟气与新进入的空气发生大范围混合后，能够发生强烈的气相燃烧，火焰可以迅速蔓延开来，乃至窜出进风口。这种燃烧产生的温度和压力都相当高，具有非常大的破坏力，不仅可对建筑物造成严重损坏，而且能对前去灭火的消防人员构成严重威胁。

为了防止回燃的发生，控制新鲜空气的后期流入非常重要。当发现起火建筑物内已生成大量黑红色的浓烟时，若未做好灭火准备，不要轻易打开门窗，以避免生成可燃混合气体。在房间顶棚或墙壁上部打开排烟口将可燃烟气直接排到室外，有利于防止回燃。灭火实践表明，在打开这种通风口时，沿开口向房间内喷入水雾，可有效降低烟气的温度，从而减小烟气被点燃的可能，同时这也有利于扑灭室内的明火。

要点 55：排烟系统的方式

排烟系统的方式可分为自然排烟和机械排烟。

1. 自然排烟

自然排烟是借助室内外气体温度差引起的热压作用和室外风力所造成的风压作用而形成的室内烟气和室外空气之间的对流运动。常用的自然排烟方式有：

（1）房间和走道可利用直接对外开启的窗或专为排烟设置的排烟口进行自然排烟。

（2）无窗房间、内走道或前室可用上部的排烟口接入专用的排烟竖井进行自然排烟。

（3）靠外墙的防烟楼梯间前室、消防电梯前室和合用前室，在采用自然排烟时，一般可依据不同情况选择下面的方式：

1）利用阳台或凹廊进行自然排烟。

2）利用防烟楼梯间前室、消防电梯前室和合用前室直接对外开启的窗自然排烟。

3）利用防烟楼梯间前室或合用前室所具有的两个或以上不同朝向的对外开启的窗，自然排烟。

自然排烟方式的优点是不需要专门的排烟设备，不需要外加的动力，构造简单、经济、易操作，投资少，运行维修费用也少，且平时可兼作换气用。缺点主要有排烟的效果不稳定，对建筑物的结构有特殊要求，以及存在着火灾通过排烟口向紧邻上层蔓延的危险性等。

2. 机械排烟

利用排烟机把着火区域中所产生的高温烟气通过排烟口排至室外的排烟方式，叫做机械排烟。

（1）机械排烟可分为局部排烟和集中排烟两种工作方式。

1）在每个需要排烟的部位设置独立的排烟机直接进行排烟，称为局部排烟方式。

2）把建筑物划分为若干个系统，每个系统设置一台大型排烟机，系统内各个防烟分区的烟气通过排烟口进入排烟管道引到排烟机，直接排至室外，称为集中排烟方式。这种排烟方式已成为目前普遍采用的机械排烟方式。

（2）当建筑物内着火冒烟时，为安全起见，在排烟的同时，还应向火灾现场补充室外新鲜空气（送风），其方式有机械排烟，机械送风和机械排烟，自然进风两种方式。

1）机械排烟，机械送风：利用设置在建筑物最上层的排烟风机，通过设在防烟楼梯间前室或消防电梯前室上部的排烟口以及排烟竖井排至室外，或者通过房间（或走道）上部的排烟口排至室外。

2）机械排烟，自然进风：排烟系统同上，但室外风向前室（或走道）的补充并不依靠风机，而是依靠排烟风机所造成的负压，通过自然进风竖井和进风口补充到前室（或走道）内。

3）正压送风和机械排烟相结合的方式。这种方式多适用于性质重要，对防排烟设计要求较为严格的高层建筑。做法为：对防烟楼梯和消防电梯厅，采用正压送风方式，确保火灾时烟气不进入；为了降低超量气压，还在每一座楼梯的上部安装减压气流装置，以便于顺利开启楼梯间的门，保证安全疏散，对需要排烟的房间、走廊，采用机械排烟，为安全疏散和消防扑救创造条件。

要点 56：排烟系统的组成

集中机械排烟系统是由挡烟垂壁、机械排烟口、排烟机、排烟管道、排烟防火阀以及电气控制等设备组成的。建筑物防排烟系统平面图如图 6-13 所示。

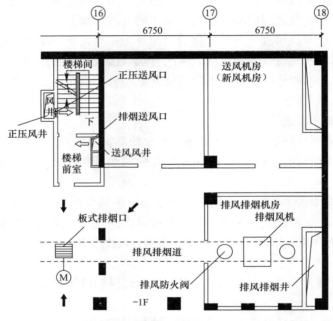

图 6-13　建筑物防排烟系统平面图

1. 机械排烟口

排烟口是发生火灾时，建筑物内所产生的烟气排向室外或烟道的出口，如图 6-14 所示。为了保证排烟口的有效开口面积，机械排烟口要求尽量装设在较高的位置上。

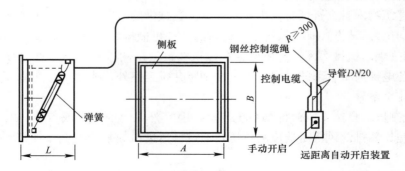

图 6-14　板式排烟口示意图

当用挡烟隔墙或挡烟垂壁划分防烟分区时，每个防烟分区应分别设置排烟口。当同一防烟分区内设置数个排烟口时，所有排烟口应能同时开启，排烟量等于各排烟口排烟量的总和。

2. 排烟管道

房间的排烟系统宜按防烟分区设置。走道的排烟系统宜竖向布置。排烟管道敷设在屋架、顶棚、楼板内的部分，排烟管道外表面与木质等可燃构件保持不小于 15cm 的距离，或在排烟管道外表面用厚度不小于 10cm 的绝热非燃烧保温材料进行隔热或覆盖。

排烟管道不应穿越防火分区，竖直穿越各层楼板的竖井管道应用耐火材料制成，并宜设在管道井内或采用混凝土烟道，且周围的缝隙必须用非燃材料严密堵塞，以免烟气侵害其他防火分区或其他楼层。排烟管道不宜穿越防火墙和非燃烧体的楼板等防火分隔物，当必须穿越时，则应采用设置防火阀；穿越段 2m 长度内用非燃绝热材料覆盖；穿越处间隙应用非燃材料填塞严密等防火措施。

3. 排烟机

为了确保排烟机本身不受火灾的威胁，并便于操作管理，在设置上应满足以下要求：

（1）消防规范规定排烟机应有备用电源，并应有自动切换装置，排烟机应耐热，在排出 280℃的烟气时，能连续工作 30min，但并没有规定必须采用耐高温的风机。实践中，为保证排烟设备的安全可靠，在高温时必须采取相应的技术措施。当必须使用轴流式风机作排烟机用时，其电动装置应安装在风管外，或者采用冷却轴承的装置。

（2）排烟机应位于排烟系统最高排烟口的上部，并应设在用耐火极限不小于 2.00～3.00h 的隔墙隔开的机房内，机房的门应采用耐火极限 0.90h 的甲级防火门。

（3）排烟机外壳至墙壁或其他设备的距离不应小于 60cm，以便维修管理；排烟机应设在混凝土或钢架基础上，但可不设置减振装置。

（4）排烟机出口的材料可采用 1.5mm 厚钢板或用具有同等耐火性能的材料制作。

4. 补风途径

需要排烟的地下室房间，应同时设有补风途径，补风量不宜小于排烟量的 50%，并应使排烟气流与补风气流合理组织，并尽量考虑与疏散人流方向相反，以便烟气顺利排出。

5. 排烟防火阀

排烟防火阀是安装在有排烟、防火要求的高层建筑、地下建筑排烟系统管道上，在一定时间内能满足耐火稳定性和耐火完整性要求，起隔烟阻火作用的阀门，其组成和形状与防火调节阀相似。

要点 57：防排烟设备联动控制原理

根据《火灾自动报警系统设计规范》（GB 50116—2012）的要求，联动控制对防烟、排烟设施应有下列控制、显示功能：停止有关部位的空调送风，关闭电动防火阀，并接收其反馈信号；启动有关部位的防烟、排烟风机、排烟阀等，并接收其反馈信号；控制挡烟垂壁等防烟设施。

为了达到规范的要求，防排烟系统联动控制的设计，是在选定自然排烟、机械排烟以及机械加压送风方式之后进行的。排烟控制一般有中心控制和模块控制两种方式。图 6-15 为排烟中心控制方式，消防中心接到火警信号后，直接产生信号控制排烟阀门开启、排烟风机启动，空调、送风机、防火门等关闭，并接收各设备的返回信号和防火阀动作信号，监测各设备的运行状况。图 6-16 为排烟模块控制方式，消防中心接收到火警信号后，产生排烟风机和排烟阀门等动作信号，经总线和控制模块驱动各设备动作并接收其返回信号，监测其运行状态。

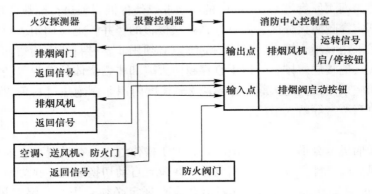

图 6-15　排烟中心控制方式

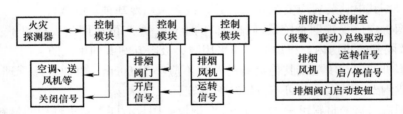

图 6-16　排烟模块控制方式

机械加压送风控制的原理与过程与排烟控制相似，只是控制对象由排烟风机和相关阀门变成正压送风机和正压送风阀门。

要点 58：防排烟管道安装

1. 风管的吊装

风管吊装前应检查各支架安装位置、标高是否正确、牢固，应清除内、外杂物，并做好清洁和保护工作。根据施工方案确定的吊装方法（整体吊装或分节吊装，一般情况下风管的安装多采用现场地面组装，再分段吊装的方法），按照先干管后支管的安装程序进行吊装。吊装可用滑轮、麻绳起吊，滑轮一般挂在梁、柱的节点上，或挂在屋架上。

根据现场的具体情况，挂好滑轮，穿上麻绳，风管绑扎牢固后即可起吊。当风管离地 200～300mm 时，停止起吊，检查滑轮的受力点和所绑扎的麻绳、绳扣是否牢固，风管的重心是否正确。当检查没问题后，再继续起吊到安装高度，把风管放在支、吊架上，并加以稳固后方可解开绳扣。

水平管段吊装就位后，用托架的衬垫、吊架的吊杆螺栓找平，然后用拉线、水平尺和吊线的方法来检查风管是否满足水平和垂直的要求，符合要求后即可固定牢固，然后进行分支管或立管的安装。

2. 风管安装的要求

（1）风管（道）的规格、安装位置、标高、走向应符合设计要求，现场安装风管时，不得缩小接孔的有效截面积。

（2）风管的连接应平直、不扭曲。明装风管水平安装时，水平度的允许偏差为 3/1000，总偏差不应大于 20mm。明装风管垂直安装时，垂直度的允许偏差为 2/1000，总偏差不应大于 20mm。暗装风管的位置应正确、无明显偏差。

（3）风管沿墙安装时，管壁到墙面至少保留 150mm 的距离，以方便拧紧法兰螺钉。

（4）风管的纵向闭合缝要求交错布置，且不得置于风管底部。

（5）风管与配件的可拆卸接口不得置于墙、楼板和屋面内。

（6）无机玻璃钢风管安装时不得碰撞和扭曲，以防树脂破裂、脱落及分层。

（7）风管与砖、混凝土风道的连接口，应顺着气流方向插入，并应采取密封措施。

（8）风管与风机的连接宜采用不燃材料的柔性连接。柔性短管的安装，应松紧适度，无明显扭曲。

（9）风管穿越隔墙时，风管与隔墙之间的空隙，应采用水泥砂浆等非燃材料严密填塞。

（10）风管法兰的连接应平行、严密，用螺栓紧固，螺栓露出长度一致，同一管段的法兰螺母应在同一侧。风管法兰的垫片材质应符合系统功能的要求，厚度不应小于 3mm。垫片不应嵌入管内，亦不宜突出法兰外。

（11）排烟风管的隔热层应采用厚度不小于 40mm 的绝热材料（如矿棉、岩棉、硅酸铝等）。

（12）送风口、排烟阀（口）与风管（道）的连接应严密、牢固。

要点 59：阀门和风口安装

1. 防火阀、排烟防火阀的安装

防火阀要保证在火灾时能起到关闭和停机的作用。防火阀有水平安装、垂直安装和左式、右式之分，安装时不能弄错，否则将造成不应有的损失。为防止防火阀易熔件脱落，易熔件应在系统安装后再装。安装时严格按照所要求的方向安装，以使阀板的开启方向为逆气流方向，易熔片处于来流一侧。外壳的厚度不小于 2mm，以防止火灾时变形导致防火阀失效。转动部件转动灵活，并且应采用耐腐蚀材料制作，如黄铜、青铜、不锈钢等金属材料。防火阀应有单独的支吊架，不能让风管承受防火阀的重量。防火阀门在吊顶和墙内侧安装时要留出检查开闭状态和进行手动复位的操作空间，阀门的操作机构一侧应有 200mm 的净空间。防火阀安装完毕后，应能通过阀体标识，判断阀门的开闭状态。

风管垂直或水平穿越防火分区以及穿越变形缝时，都应安装防火阀，其形式如图 6-17～图 6-19 所示。风管穿过墙体或楼板时，先用防火泥封堵，再用水泥砂浆抹面，以达到密封的作用。

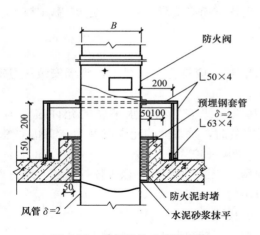

图 6-17　楼板处防火阀的安装

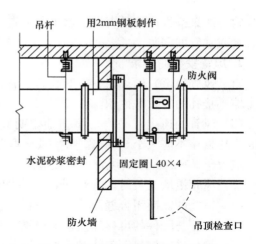

图 6-18　穿防火墙处防火阀的安装

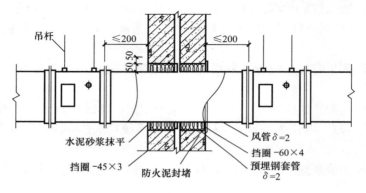

图 6-19　变形缝处防火阀的安装

排烟防火阀是用来在烟气温度达到 280℃时切断排烟并连锁关闭排烟风机的，它安装在排烟风机的进口处。排烟防火阀与防火阀只是功能和安装位置不同，安装的方式基本相同。

防火阀和排烟防火阀安装的方向、位置应正确；手动和电动装置应灵活、可靠，阀板关闭应保持严密。防火阀直径或长边尺寸大于或等于 630mm 时，应设独立支、吊架。

2. 排烟风口的安装

排烟风口有多叶排烟口和板式排烟口，它们都既可以直接安装在排烟管道上，也可以安装在墙壁上，与排烟竖井相连。

多叶排烟口的铝合金百叶风口可以拆卸，安装在风管上时，先取下百叶风口，用螺栓、自攻螺钉将阀体固定在连接法兰上，然后将百叶风口安装到位，如图 6-20 所示。多叶排烟口安装在排烟井壁上时，先取下百叶风口，用自攻螺钉将阀体固定在预埋在墙体内的安装框上，然后装上百叶风口，如图 6-21 所示。

板式排烟口在吊顶安装时，排烟管道安装底标高距吊顶面大于 250mm。排烟口安装时，首先将排烟口的内法兰安装在短管内。定好位后用铆钉固定，然后将排烟口装入短管内，用螺栓和螺母固定，也可以用自攻螺钉把排烟口外框固定在短管上，如图 6-22 所示。板式排烟口安装在排烟井壁上时，也是用自攻螺钉将阀体固定在预埋在墙体内的安装框上的，如图 6-23 所示。

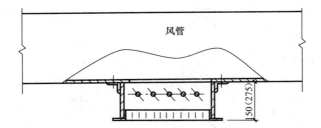

图 6-20 多叶排烟口在排烟风管上的安装

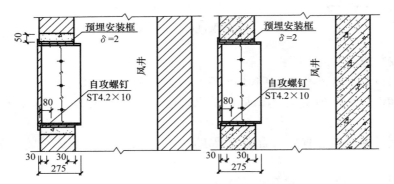

图 6-21 多叶排烟口在排烟竖井上的安装

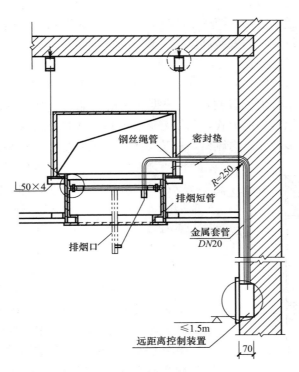

图 6-22 板式排烟口在吊顶上的安装

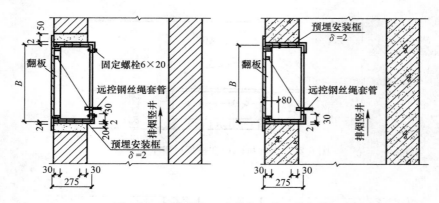

图 6-23　板式排烟口在排烟竖井上的安装

排烟口安装应注意的事项：

（1）排烟口及手控装置（包括预埋导管）的位置应符合设计要求。

（2）排烟口安装后应做动作试验，手动、电动操作应灵活、可靠、阀板关闭时应严密。

（3）排烟口的安装位置应符合设计要求，并应固定牢靠，表面平整、不变形、调节灵活。

（4）排烟口距可燃物或可燃构件的距离不应小于 1.5m。

（5）排烟口的手动驱动装置应设在明显可见且便于操作的位置，距地面 1.3～1.5m，并应明显可见。预埋管不应有死弯、瘪陷，手动驱动装置操作应灵活。

（6）排烟口与管道的连接应严密、牢固，与装饰面相紧贴；表面平整、不变形。同一厅室、房间内的相同排烟口的安装高度应一致，排列应整齐。

3. 加压送风口的安装

加压送风口用于建筑物的防烟前室，安装在墙上，平时常闭。火灾发生时，根据火灾的通过电源 DC24V 或手动使阀门打开，根据系统的功能为防烟前室送风。用于楼梯间的加压送风口，一般采用常开的形式，采用普通百叶风口或自垂式百叶风口。

加压前室安装的多叶加压送风口，安装在加压送风井壁上，安装方式与多叶排烟口相同，详见图 6-21 所示，前室若采用常闭的加压送风口，其中都有一个执行装置，楼梯间安装的自垂式加压送风口，是用自攻螺钉将风口固定在预埋在墙体内的安装框上的，如图 6-24 所示。楼梯间的普通百叶风口安装方式与自垂式加压送风口的安装方式相同。

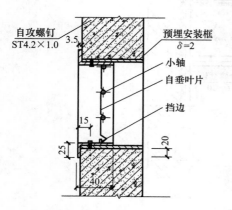

图 6-24　自垂式加压送风口

送风口的安装位置应符合设计要求，并应固定牢靠，表面平整、不变形，调节灵活。常闭送风口的手动驱动装置应设在便于操作的位置，预埋套管不得有死弯及瘪陷，手动驱动装置操作应灵活。手动开启装置应固定安装在距楼地面 1.3～1.5m 之间，并应明显可见。

要点60：防排烟风机安装

在工程中防排烟风机主要有在屋顶的钢筋混凝土基础上安装、屋顶钢支架上安装和在楼板下吊装三种形式，如图6-25～图6-27所示。

防排烟风机安装应满足如下要求：

（1）防排烟风机的安装，偏差应满足表6-6的要求。

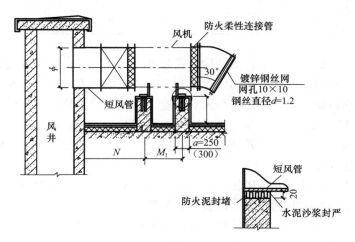

图6-25 屋顶防排烟风机在钢筋混凝土基础安装

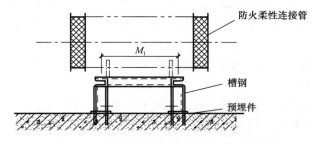

图6-26 屋顶防排烟风机在钢架基础安装

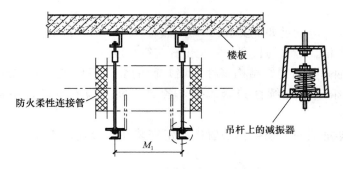

图6-27 防排烟风机在楼板下吊装

防排烟风机安装的允许偏差　　　　　　表 6-6

项次	项目		允许偏差	检验方法
1	中心线的平面位移		10mm	经纬仪或拉线和尺量检测
2	标高		±10mm	水准仪或水平仪、直尺、拉线和尺量检测
3	带轮轮宽中心平面偏移		1mm	在主、从动带轮端面拉线和尺量检查
4	传动轴水平度		纵向 0.2/1000 横向 0.3/1000	在轴或带轮 0°和 180°的两个位置上，用水平仪检查
5	联轴器	两轴心径向位移	0.05mm	在联轴器互相垂直的四个位置上，用百分表检查
		两轴线倾斜	0.2/1000	

（2）安装风机的钢支、吊架，其结构形式和外形尺寸应符合设计或设备技术文件的规定，焊接应牢固，焊缝应饱满、均匀，支架制作安装完毕后不得有扭曲现象。

（3）风机进出口应采用柔性短管与风管相连。柔性短管必须采用不燃材料制作。柔性短管长度一般为 150～250m，应留有 20～25mm 的搭接量。

（4）离心式风机出口应顺叶轮旋转方向接出弯管。如果受现场条件限制达不到要求，应在弯管内设导流叶片。

（5）单独设置的防排烟系统风机，在混凝土或钢架基础上安装时可不设减振装置；若排烟系统与通风空调系统共用时需要设置减振装置。

（6）风机与电动机的传动装置外露部分应安装防护罩。风机的吸入口、排出口直通大气时，应加装保护网或其他安全装置。

（7）风机外壳至墙壁或其他设备的距离不应小于 600mm。

（8）排烟风机宜设在该系统最高排烟口之上，且与正压送风系统的吸气口两者边缘的水平距离不应少于 10m，或吸气口必须低于排烟口 3m。不允将排烟风机设在封闭的吊顶内。

（9）排烟风机宜设置机房，机房与相邻部位应采用耐火极限不低于 2h 的隔墙、1h 的楼板和甲级防火门隔开。

（10）设置在屋顶的送、排风机、阀门不能日晒雨淋，应当设置避挡防护设施。

（11）固定防排烟系统风机的地脚螺栓应拧紧，并有防松动措施。

要点 61：挡烟垂壁安装

挡烟垂壁的安装应满足如下要求：

（1）型号、规格、下垂的长度和安装位置应符合设计要求。

（2）活动挡烟垂壁与建筑结构（柱或墙）面的缝隙不应大于 60mm，由两块或两块以上的挡烟垂帘组成的连续性挡烟垂壁，各块之间不应有缝隙，搭接宽度不应小于 100mm。

（3）活动挡烟垂壁的手动操作装置应固定安装在距楼地面 1.3～1.5m 之间，且便于操作、明显可见。

要点 62：排烟窗安装

排烟窗的安装应满足下列要求：

（1）型号、规格和安装位置应符合设计要求。

（2）手动开启装置应固定安装在距楼地面 1.3～1.5m 之间，且便于操作明显可见。

（3）自动排烟窗的驱动装置应灵活、可靠。

参 考 文 献

[1] 国家标准.GB 50016—2014 建筑设计防火规范 [S]. 北京：中国计划出版社，2014.
[2] 国家标准. GB 50166—2007 火灾自动报警系统施工及验收规范 [S]. 北京：中国计划出版社，2008.
[3] 国家标准. GB 50261—2005 自动喷水灭火系统施工及验收规范 [S]. 北京：中国标准出版社，2005.
[4] 国家标准. GB 50263—2007 气体灭火系统施工及验收规范 [S]. 北京：中国计划出版社，2007.
[5] 国家标准. GB 50281—2006 泡沫灭火系统施工及验收规范 [S]. 北京：中国计划出版社，2006.
[6] 国家标准. GB 50354—2005 建筑内部装修防火施工及验收规范 [S]. 北京：中国计划出版社，2006.
[7] 国家标准. GB 50720—2011 建设工程施工现场消防安全技术规范 [S]. 北京：中国计划出版社，2011.
[8] 国家标准. GB 50974—2014 消防给水及消火栓系统技术规范 [S]. 北京：中国计划出版社，2014.
[9] 石敬炜. 消防工程施工现场细节详解 [M]. 北京：化学工业出版社，2013.
[10] 徐志嫱. 建筑消防工程 [M]. 北京：中国建筑工业出版社，2009.
[11] 张志勇. 消防设备施工技术手册 [M]. 北京：中国建筑工业出版社，2012.
[12] 阎士琦. 建筑电气防火实用手册 [M]. 北京：中国电力出版社，2005.
[13] 赵际萍，施新昌主编. 建筑施工现场安全生产作业须知 [M]. 上海：同济大学出版社，2011.